JN299432

ギリシャ星座周遊記

写真・文　橋本武彦

生粋のギリシャ人であるペルセウスであるが、周囲の星座がエチオピア王家に因んだ星座が続くので、どこかしら異国の匂いがしてくる。パルミラ遺跡（シリア）

地人書館

昇るわし座。荒鷲に変身したゼウスは、トロイ王子のガニュメデを攫うことに成功した。 トロイ遺跡（トルコ）

スパルタの王女レダを見初めたゼウスは白鳥に変身して彼女を誘拐し、タイゲトス山を越えた。 ゴラニ村（ギリシャ）

白鳥はアポロン神の聖鳥になる。有名な信託が行われた神殿の上空にはくちょう座が舞う。 デルフィ遺跡（ギリシャ）

ヘリコン山山頂部から蹴り上がるように昇るペガソス（ペガスス）座。馬の泉を探したくなる。　ヘリコン山（ギリシャ）

逆さに沈むヘラクレス（ヘルクレス）座とヘラ神殿。彼が天上に昇り神となっても、この構図を見ると試練が続いているように思えてくる。　タボーレ・パラティン（イタリア）

日の沈む国々（マグレブ）で日没前に金環日蝕が起った。幸運にも薄雲のお陰でアポロン神殿が浮かび上がった。 ボリビリス遺跡（モロッコ）

✦はじめに

　ネット社会が拡大し、誰でも簡単に情報を発信できるようになりました。星座物語については、ウェブサイトを検索すれば夜空に輝く星の数ほど存在しています。しかし日本のみならず世界中で紹介される星座物語は、入り口と出口が決まりきった同工異曲の内容となっています。では、星座物語が制作された当時のギリシャではどうなっていたか。その原典に目を向けると実に面白い世界が広がっていました。本書は通常語られる星座物語にある程度親しんでいる方々にそうした古代ギリシャの世界をご案内しようというものです。

　この「ギリシャ星座周遊記」は、紀元後2世紀の旅行家パウサニアスが著した「ギリシャ案内記（ギリシャ周遊記）」から題名のヒントを得ています。

　私は実際にギリシャの地で生活し、星座物語で語られる地名や遺跡を巡りながら星座の写真を撮影してきました。幸いにも星座の作品は写真集「星空（ファイノメナ）」として日本カメラ社から出版することができました。遺跡を訪れると同時にギリシャ古典を始めとする西洋文学や歴史、そして考古学的な資料を収集し続けてきました。そういった資料に触れ、古典を知れば知るほど、今迄習ってきた事柄の多くはローマ神話の亜流のようなものだということを理解するようになりました。

　ローマ時代以前のヘレニズム時代や古典ギリシャ時代の文献には、独自の星座観があります。同時にギリシャを中心に東地中海沿岸諸国で見上げた星空、寓意的に幾重にも関連していく神話の世界、そこに秘められた歴史など、興味は尽きません。本書では、私が現地で触れた生活や文化を織り交ぜながら、この豊かな古典の世界をご紹介したいと思います。

　また今回は星空の写真も巻頭ページに載せることが出来ました。ギリシャも20年前と比べると非常に発展しましたが、文明の発展と同時に失われてしまうのが、美しい星空です。紹介した星景写真は、遺跡の観光地化や光公害などで、もうギリシャでは撮影することが不可能に近いのです。

✦目次

はじめに

古代星座の成り立ち……………………………………………………………………… 1

春の星座………………………………………………………………………………… 4
　　おおぐま座とこぐま座……………………………………………………………… 6
　　しし座………………………………………………………………………………… 12
　　うみへび座…………………………………………………………………………… 18
　　かに座………………………………………………………………………………… 24
　　おとめ座……………………………………………………………………………… 30
　　かみのけ座…………………………………………………………………………… 36
　　うしかい座…………………………………………………………………………… 42
　　かんむり座…………………………………………………………………………… 48
　　ケンタウロス座……………………………………………………………………… 54

夏の星座………………………………………………………………………………… 60
　　てんびん座…………………………………………………………………………… 62
　　さそり座……………………………………………………………………………… 68
　　いて座………………………………………………………………………………… 74
　　へびつかい座………………………………………………………………………… 80
　　こと座………………………………………………………………………………… 86
　　ヘラクレス座………………………………………………………………………… 92
　　はくちょう座………………………………………………………………………… 98
　　わし座………………………………………………………………………………… 104

目　次

秋の星座 …………………………………………………………………… 110
- やぎ座 ………………………………………………………………… 112
- みずがめ座 …………………………………………………………… 118
- うお座 ………………………………………………………………… 124
- ケフェウス座とカシオペア座 ……………………………………… 130
- アンドロメダ座 ……………………………………………………… 136
- ペルセウス座 ………………………………………………………… 142
- ペガソス座 …………………………………………………………… 148
- おひつじ座 …………………………………………………………… 154

冬の星座 …………………………………………………………………… 160
- エリダノス座 ………………………………………………………… 162
- おうし座 ……………………………………………………………… 168
- ぎょしゃ座 …………………………………………………………… 174
- オリオン座 …………………………………………………………… 180
- おおいぬ座 …………………………………………………………… 186
- ふたご座 ……………………………………………………………… 192
- アルゴ座 ……………………………………………………………… 198

あとがき …………………………………………………………………… 204

地図 ………………………………………………………………………… 205

星座図 ……………………………………………………………………… 206

索引 ………………………………………………………………………… 208

✨古代星座の成り立ち

　古代人たちは夜空に輝く星々を見て星座を創りました。

　現在では星座は88個数えられます。その内の52星座（古代48星座＋かみのけ座＋アルゴ座分割）は、2000年以上昔のヘレニズム時代に古代ギリシャ人によってまとめられました。この時まとめられた星座たちが北半球の夜空に主要星座として輝いています。その後、16世紀に大航海時代を迎えると、南天星座が生まれました。また中世から近代にかけてこぎつね座など様々な小星座が生まれました。それらの新星座の内、あるものは受け入れられなくなって廃星座となりました。

　このことは古代星座を作り上げた古代ギリシャ人たちにも全く同じことが言えます。何故なら星座をまとめた詩人や学者たちは、それぞれ独自の基準で星座を構成しましたので、プレアデス星団が独立していたり、ぎょしゃ座やおおぐま座などのように、ひとつの星座に複数の星座名が共存するという現象が見られたり、かみのけ座やアンティノウス座のように当時のコンテンポラリーな物語から創られたりしたからです。

　古代星座を調べると、これらギリシャ人たちがまとめた星座は、ギリシャ人による独創の産物ではなく、東方の先進文明から受け継がれた星座をギリシャ人が組み替えて出来あがっていることがわかります。有名な資料をいくつかを列挙すると、以下のようになります。

・「狩人ケッシの物語」（BC1650年頃）　ミタンニ王国　フリ語
・「セティ1世埋葬室の天井画」（BC1300年頃）　エジプト
・「ムル・アピン」（最古のコピーがBC687年）　シュメール語、アッカド語
・「36星座の円盤」（BC7世紀）　アッシュール・バニ・パルの図書館
・「デンデラ星図」（BC1世紀）　エジプト

　狩人ケッシの物語ではオリオン（ケッシ）がいかに冥界と関係しているか、そしてなぜ彼の星座物語には鍛冶神ヘファイストスが登場するのか、その理由を垣間見ることができます。またムル・アピンはシュメール語でも書かれていることから、紀元前3000年紀の星座名を知る貴重な資料になります。大英博物館所蔵の36星座の円盤は、ギリシャ文明が発達途上であった頃の資料ですし、セティ1世の天井画は、エジプト新王朝時代とクレタ島のミノア文明時代は密接にリンクしています。そしてデンデラ星図ではエジプト古代星座の成れの果てを見ることができます。

　星座にはシュメール時代から続くものありますが、時代や地域が違えば、その土地で呼ばれる星座もそれぞれの特色を持ちます。例えば秋の夜空に輝くアンドロメダ座やペルセウス座はギリシャ神話を元にしていますが、紀元前1000年以前のバビロニア地方では全く違う星座だったのです。

　古代ギリシャ文明はホメロスに始まると言ってもよいでしょう。彼が歌い上げた「イリアス」と「オデュッセイア」の2大長編叙事詩にオリオンやシリウスなどの星座が登場しています。またヘシオドスが著した「仕事と日々」では、星座や星の出現が農業や航海で重要な役割を果たしていることが説明されています。また彼は「アストロノミカ（天文）」を著しましたが、こちらは現在では断片しか残されていません。古代ギリシャの星座を知る

手がかりを与えてくれるのは、意外なことに詩人が多いのです。

例えば紀元前6世紀から紀元前4世紀にかけて星座を語った人々を列挙してみますと、アグラオステネス、エピメニデス、フェレキュデス、アエスキュス、ファイノス、ヘラニコス、ヘカタイオス、クレオストラトスやシミテス、アレクサンドロス・アエトロスらがいますが、彼らの残した文献はどれも断片ばかりです。例えば、ピュタゴラスの師匠であったシロス島のフェレキュデス（BC550年頃）の断片には、星座物語で有名な「オリオンが沈むとサソリが現れる」という記述が見られます。このように部分的にはわかるのですが、全体が見えてこないのです。

星座の全体像は、紀元前3世紀（ヘレニズム時代）の詩人アラトスが著した天文詩「ファイノメナ」によって分かります。またアトラスに少し遅れてエラトステネスが「カタステリスミ（星座物語）」を書きました。しかし現存する「カタステリスミ」には、かなり現代とは違う星座物語が含まれ、内容的にもこれがミスターナンバー2とも呼ばれたエラトステネスの作品であろうか？と疑問に思う研究者が多く、偽エラトステネスによる作品とも紹介されています。偽某という呼び名はあまり馴染みのない世界です。本書では、ギリシャ語の原典としてTLG（Thesaurus Linguae Graecae）を参考にしています。この古典文献の集大成であるTLGプロジェクトでは、このカタステリスミをエラトステネスの作品と位置づけています。本書もこれに従い、「カタステリスミ」の著者をエラトステネスとしています。

ヘレニズム時代から帝政期ローマ時代にかけて影響のあった詩人や学者を挙げてみると以下のようになります。

・アラトス（BC3世紀）
「ファイノメナ」 星座数50（重複する星座を含む）と個別の星が6星。
星座をヘシオドス風教訓叙事詩で紹介。季節毎の星の出没を編入。
・エラトステネス（BC3世紀）
「カタステリスミ」星座数49 （かみのけ座を含め、へび座とこうま座がなかった）
独自の星座物語と星座絵の形を星で紹介。星の数　732星。
・ヒッパルコス（BC2世紀）
星座数48 （へび座を独立させ、こうま座を創設。48星座を制定。後にかみのけ座を編入？）
恒星リストを制作。星の数　850星。
・大プリニウス（BC1世紀）
「博物誌」第2巻に72に及ぶ星群と1600個の星（詳細は不明）。
・オウィディウス（BC1世紀）
「転身譜（メタモルフォーセス）」 （ローマ風ギリシャ神話の成立）
・プトレマイオス（AD2世紀）
「天文学大全」星座数48 （かみのけ座とアンティノウス座を周辺の不定形とした）
恒星リストを制作。星の数　1022星。
・ヒュギノス（AD2世紀）
「天文詩」

上記の7人の内、最も天文学に知識があったのはヒッパルコスですが、彼の著作はわずかな断片が残されているだけです。プトレマイオスは星座物語を書いていません。またプリニウスの博物誌は魅力的な数を表記していますが、その実体がわかりません。エラトステネスとヒュギノスの作品は、現代の星座物語と比べると、少々異質な世界を呈しています。ヘレニズム時代のベストセラー作品であるアラトスの天文詩ファイノメナは、紀元前1世紀にセネカによってラテン語化され、19世紀まで貴族社会の教養ある人々にとっては必読の書籍でした。ラテン語では大詩人オウィディウスがいます。彼が著した星座を扱った文学作品は、アラトスの作品以上に大きな影響を後世に残しました。

　天文学者ではなく、詩人による星座物語が現代まで残されたことを意外に感じるかも知れませんが、ヘレニズム時代の詩人たちは、ルネッサンス時代の芸術家のように幅広い教養を求められ、多くは詩人であると同時に哲学者であり教育者でした。例えばアラトスの作品はストア学派にも通じる世界観さえも持っているのです。

　このように星座の成り立ちも西洋文明の母体とも言えるギリシャ・ローマ文明に負っていることが改めてわかります。

＊星座名などの表記について
　通常、星座名はラテン名による表記ですが、本書は主に古代ギリシャ世界を基にしていますので、ギリシャ語での星座名で表記しています。例えば学名の「ヘルクレス」は「ヘラクレス」と表しています。また英語読みから派生したトレミー（プトレマイオス）やホーマー（ホメロス）などの表現は、プレアデスとヒアデスを除いては一切用いていません。またギリシャ語の「φ」は「パイ」ではなく「ファイ」に統一していますが、パエトンやポロエなどの例外があります。ギリシャ語独特の長音については短く表記していますが、また、一部ケイローンのように私の経験上慣れ親しんだ長音の表記がなされている部分もあります。

※星座絵について
　各星座の冒頭に掲げられている星座絵は『ヘベリウス星座図絵』によるものです。元絵は天球を外から見た図となっており、地上から見た姿とは逆の絵になっているため、ここでは図を反転して掲載しました。文字などが反転しているのはそのためです。なお、各星座末尾には元絵を本来の形で掲載しています。

春の星座
復活の神ディオニュソス

春の星座を語る時、通常はうみへび座やしし座、そして西の半天にかかるかに座などの動物系の星座を取り上げ、ギリシャ神話最大の英雄ヘラクレスの冒険物語を紹介するのが常なのですが、これらを合わせても4星座しかありません。ここでは少し違う視点で春の星座を見てみたいと思います。

春、ギリシャの野山は緑で溢れ返り、様々な可憐な花が咲き乱れます。私には日本の桜を中心とした春の景色よりも、地中海の春の景観の方が美しく感じられます。春は何よりも自然が蘇る「復活」の季節なのです。そこで古代ギリシャ人たちは、メソポタミア系の動物星座の他に、復活を意味する神「ディオニュソス」の意思を夜空の星々に反映させました。では、春の星座としてディオニュソスに関係する星座はいくつあるでしょうか？

かんむり座、うしかい座、おとめ座、コップ座、しし座、ヒュドラ（うみへび）座、そしてトラキア地方のディオニュソスと熊信仰を考えると、おおぐま座やこぐま座までディオニュソス関係の星座として縫合されます。このように春の星座のほとんどがディオニュソスに関係した星座であるといえるでしょう。

例えばかんむり座は、アテネの王子テセウスによってナクソス島に置き去りにされ、悲嘆に暮れていたクレタ島の王女アリアドネの為にディオニュソスが彼女に送った花冠なのです。他にもディオニュソス神の意思を伝える古い星座が、春の一番目立つ星アルクトゥルスとして天高く輝いています。この古い農耕の星はうしかい座に含まれます。また、ディオニュソス神によって教えられたぶどう酒の効能を伝えようとしたイカリオスの星座物語にもありますし、博学なエラトステネス（BC3世紀）の哀歌「エリゴネ」にも反映しています。イカリオスがうしかい座となり、エリゴネはおとめ座となり、エリゴネに懐いていた忠実な犬マイアはこいぬ座となりました。この3星座は自然界の復活、つまり「永劫回帰」とか「死と再生」を意味する秘儀の深い世界に関係していきます。このように春の星座には、自然界の緑溢れる昼間の景色と同様に、ディオニュソス神と星座を通して、夜空の「復活」が読み取れるのです。

＊4月5月の夜20時から22時頃に見える星座たちを春の星座としてまとめました。
・おおぐま座・こぐま座・しし座・うみへび座・かに座・おとめ座・かみのけ座・うしかい座・かんむり座・ケンタウロス座

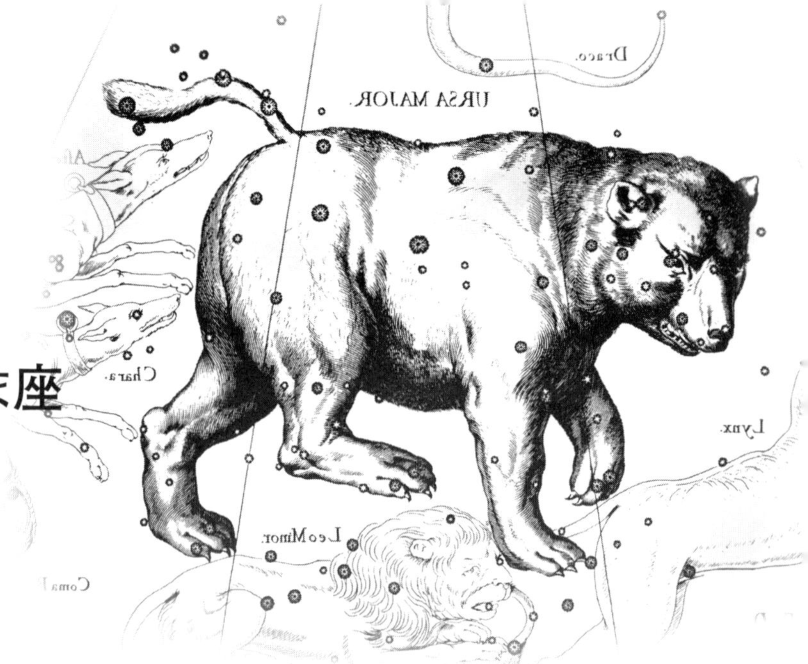

Ursa Major & Ursa Minor

おおぐま座とこぐま座
忘れられたヘリケーとキノスラ

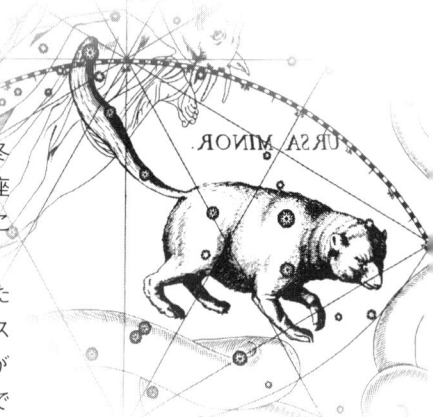

✦ 長すぎる尾

　現代ギリシャの山中には熊が生息しています。緑溢れる春のギリシャの森で、長い冬眠から覚めた熊がのそりのそりと動き始める頃、夜空には天高くおおぐま座とこぐま座が輝いています。明るく大きな北斗七星がおおぐま座の下半身を表し、小さな7星がこぐま座です。

　現代の星座物語では2頭の熊星座の尻尾が長過ぎることから、熊に変身させられた母カリストと猟師となった彼女の子アルカスが母親殺しの罪を犯そうとするのを「ゼウス神が哀れんで、尻尾を掴んで天に放り上げた時、尻尾が延びてしまった」という落ちがついていますが、天文詩人のアラトスやエラトステネス、そしてオウィディウスの文献では、延びた尻尾の理由が説明されることはありませんでした。

　それでは星座物語が作られた頃の古代の文献を見てみることにしましょう。そこで私たちは「ヘリケーとキノスラ」という熊の別名を見出すことになります。

〈おおぐま座〉
ヘシオドスが言うように、おおぐま座はアルカディアに住むリュカオンの娘（カリスト）の姿だという。
詩歌にも歌われているように、彼女はアルテミス女神が山野で狩猟する時の供の一人だった。ある時、ゼウス神によって妊娠させられ、彼女はそのことをアルテミス女神にバレないように振る舞っていた。けれどもアルテミス女神と共に沐浴したとき、彼女のお腹が膨れていることがわかってしまった。このことは処女神であるアルテミス女神を激怒させ、彼女を動物に変身させた。このようにして彼女は熊に変身させられ、アルカダ（アルカス）という名の人間の子供を産んだ。運良く山に狩猟に来た羊飼いが赤児を見つけ、この赤児をリュカオンに渡したという。
その後、歳月は流れ、アルカスは（狩猟に秀でていたという）ゼウスの聖なる神域に入り込み、そこで母熊と遭遇した。母熊は実の息子に追いかけられることになった。息子に何か言おうと身構えたとき、今まさに尊属殺人が行われようとしているのを見て、ゼウスがこの二人を天にあげて星座にした。おおぐま座は彼女自身の姿であり、ある時、ちょうど4つ足で地上に立ったように見える。
おおぐま座は以下の星がある。頭に7星の暗い星が輝き、両目に2星ずつ、肩に明る

アテネで小熊というと、ブラウロニア・タウロポスと呼ばれた少女の像を思い出す。

春の星座◇おおぐま座とこぐま座────忘れられたヘリケーとキノスラ

ブラウロン遺跡のアルテミスの神域。柱が復元されている数少ない遺跡の一つ。

い星が1星、胸に1星、前脚に2星、背中に明るい星が1星、腹にも明るい星が1星、後ろ足に2星、前脚に2星、尻尾に3星、全部で24星。

エラトステネス『カタステリスミ』

〈こぐま座〉
この星座はこぐま座と呼ばれ、大抵は彼女はポイニケと呼ばれる。彼女はアルテミス女神から関心を寄せられていた。それを知ったゼウス神は、彼女を陵辱し、野生動物(熊)に変身させた。後に彼女が助けられた時、アルテミス女神は熊になった彼女に敬意を抱き、その変身した姿を星座とした。ポイニケは生まれた姿と変身させられた姿の二重の栄誉を得たことになる。アグラオステネスはその著書「ナキシカ」において、こぐま座は幼いゼウスを養育したキノスラだという。イダ山のニンフの一人であり、ヒストイスという名の町に、ニコストラトスの弟子たちによってキノスラという地に港を造った。アラトスはそれをクレテのヘリケーと呼び、幼いゼウスを養育し、その栄誉をもって天に姿を留めたと思っている。
こぐま座には4つの角に1星ずつ、尾に3星が輝き、全部で7星ある。西南の方向にポロスと呼ばれる別の星が1星輝き、この近くには天空を廻す穴がある。

エラトステネス『カタステリスミ』

今、二頭の熊が向かい合いながら北の空を巡る。その様は、荷車にも例えられる。二頭の熊は頭を互いに正反対に向けながら、常に肩幅くらいの距離を置いて、ちょう

アルテミス女神像のレリーフ。

Ursa Major & Ursa Minor

Ursa Major & Ursa Minor

　肩を入れ替えるように回る。もしクレタ島に伝わるこの話が本当ならば、天空に昇った強力なゼウスの意志が働いているそうだ。
　大昔、ゼウスが未だ幼かった頃、芳しいイダ山の麓にある
ディクテの地で、牝山羊によって洞穴で何千年も育てられた。
　何時までクレタ島に住むディクテの人々はクロノスを騙し続けたのだろう。今、ある地域の人々は二頭の熊をヘリケー（北斗七星）とキノスラ（こぐま座）と呼ぶところもある。ヘリケーの動きによって海上で活動するアカイア（ギリシャ）人たちは船の進路を決定した。またフェニキア人たちはこぐま座の動きを見て海を渡っていった。
　宵の頃、雄大な姿を現すヘリケーの輝きを探すのはとても容易い。
けれどもキノスラは小さいながら船乗りたちにはより有用だ。なぜなら水夫たちにはこぐま座の星々がより小さな軌道で夜空を巡るからである。このこぐま座の動きから、その後、シドン（フェニキア）に住む男たちは最短距離の舵を取るようになったという。
アラトス『ファイノメナ』26-44行

神話で名高いクレタ島のイダ山の洞窟。

✦ヘリケーとキノスラ

　紀元前3世紀に活躍した2人の語り部たちによる星座物語には、少々、面食らわれたのではないでしょうか？ ここでは熊星座には「ヘリケーとキノスラ」という別の名称が与えられていますが、これは現代では殆ど扱われない呼び名です。
　古代ギリシャ人たちはおおぐま座とこぐま座をどのように呼んでいたのでしょうか？
　星座は様々な時代や文明を経て現代まで伝わってきたために、呼び名が様々に変化してきました。おおぐま座の下半身に当たる北斗七星は、ギリシャ人たちはこの7星を「ヘリケー（ねじれたもの）」や「ハマクサ（車、荷車）」と呼んでいました。ハマクサはホメロスの長編叙事詩「イリアス」にも登場します。北斗七星の形から「車」を連想するのは容易です。四角い4星が車を、そして残りの3星で車の柄を表しています。北斗七星を車と解釈した資料には、シュメール語での表記が残された「ムル・アピン」に見られ、同様にこぐま座は「天の車」と読み取れます。その後、北半球中緯度地方でよく見られる熊座としても存在したことになり、熊が生息しないエジプトでは、北斗七星が「牛の腿」座となり、こぐま座はトゥエリス（タワート）女神と呼ばれました。共通して言えることは「現代のように星を記号で呼ぶのではなく、星々が描く線を何かの形に当て嵌めて星座を作っている」ということです。けれどもヘリケーとなると、そうはいきません。例えば「ねじれた大熊の尻尾」と考えても意味を成していませんし、ギリシャ神話辞典を探してみても該当するような女神は存在しないのです。
　ヘリケーといいますと、歴史上重要な町がペロポネソス半島の北岸にありました。私はヘリケー村を2度ほど訪れていますが、遺跡らしい場所は見当たりませんでした。1973年のフランス隊による発掘は海中を調べたようです。
　この話はソクラテスが活躍した紀元前5世紀よりも遥か昔のギリシャの話となります。イオニア人たちの12都市による信仰の総本山の町がヘリケーであり、信仰の対象となった神はポセイドンでした。やがて、この町は紀元前11世紀のドーリス人の進入によって滅びます。人々はアテネ方面に逃げ、ペラスゴイ人の町アテネはその膨れ上がった人口によってドーリス人たちの進出を防ぎました。そしてイオニア人たちは、彼らの主神であるポセイドンの庇護の下、エウボイア島を経て、更にエーゲ海を東へと進みさらに、キオス島やサモス島などを経て、トルコ西岸に達しました。やがてこの地方は、イオニア人たちの入植によってイオニア地方と呼ばれることになります。彼らはヘリケーの

現代のヘリケー村

ヘリケーから南の山並みを望む。50mmレンズ使用。

春の星座 ◇ おおぐま座とこぐま座 ──── 忘れられたヘリケーとキノスラ

南にそびえる山々と同じような山並みをミュカレ岬の北の付け根に見つけました。そしてポセイドン信仰の新しい中心地となる神殿を建て、パンイオニオン（全イオニア）という町を築きました。私はパンイオニオン遺跡を3度訪れました。劇場跡を見つけることができましたが、主神殿であるポセイドン神殿を見つけることはできませんでした。ヘリケー村の南に見える山々とパンイオニオン遺跡の南方の山並みは確かに似ています。

一方、こぐま座はキノスラ（犬の尾）と呼ばれました。該当するような神や人名はなく、どうやらヘリケー同様に土地の名前に関係するようです。岬として、キノスラ岬の名前を採集できます。例えばマラトン湾の東には南へと突き出た岬がそうですし、サラミス島の東端の岬もキノスラ岬でした。いずれもイオニア人の東進に関係するルートでもあります。

アラトスの作品とエラトステネスの作品では、どちらもクレタ島を題材としています。アラトスはクレタ島での幼いゼウスの物語を歌っていますし、またエラトステネスの作品では、他人の作品や他の学徒を用いてキノスラとヘリケーをクレタ島の港町として語っています。

エラトステネスが活躍した時代、彼が仕えたエジプトのプトレマイオス王朝は政治的には最盛期を迎えていました。その勢力圏はロードス島を越え、クレタ島の東部にまで及びました。クレタ島の中央にはイダ山が聳え、東部にはディクテ山があります。共に有名なゼウス神に関係した洞窟があります。島の東端には今でも軍港跡としてイタノ

パンイオニオン南方の眺め。確かにヘリケー村からの眺めに似ている。28mmレンズ使用。

Ursa Major & Ursa Minor

ス遺跡が残されています。そして航海の季節が始まる春から夏にかけてアレキサンドリアから常に海上に輝くヘリケー（北斗七星）を見ながら北上していけば、クレタ島の東部に辿り着くことになります。

　ヘリケーとキノスラはセットで船乗りたちに語られてきた星座です。例えば紀元前5世紀の古代ギリシャ人が活躍した時代には、現代のような北極星はありませんでした。現在の北極星は歳差運動によって、天の北極よりも約13.5度離れていたのです。逆に天の北極から約7度ほど離れてコカブ（こぐま座β星）が輝いていました。7度といいますと満月の大きさの14個分の開きになります。ヘリケーとキスノラの物語は海上を東行したイオニア人たちが常にこれらの星々をを左に見ながらエーゲ海を航海した時の記憶なのでしょうか。

　通常はこぐま座はカリストの息子アルカスとして紹介されますが、カタステリスミではアルカスをうしかい座に、そしてこぐま座をポイニケと当て嵌めています。名前からフェニキアが関係します。その連想の元となっているのがアラトスの天文詩であることは言うまでもありません。

パンイオニウム遺跡の劇場跡。

キュレネー山。山頂付近にアルテミス神殿が存在する。

こぐま座全景。下方に尾の星ポラリスが輝く。50mmレンズ使用。

おおぐま座全景。北斗七星は下半身に相当している。28mmレンズ使用。

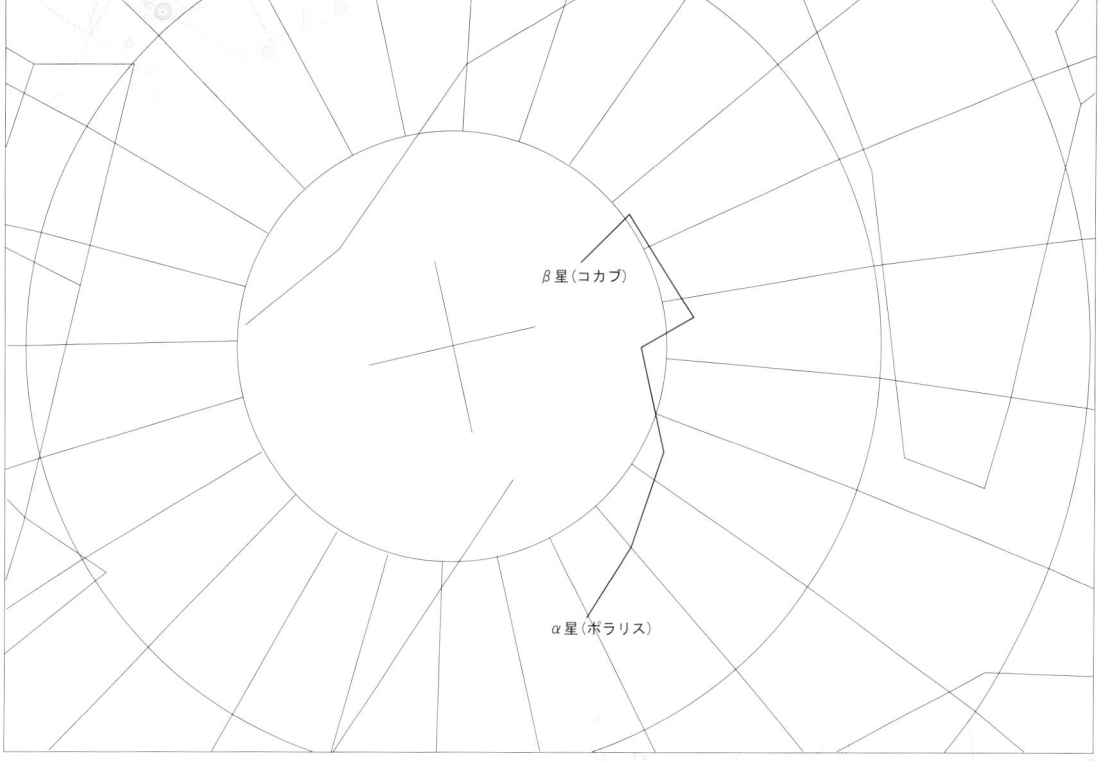

春の星座◇おおぐま座とこぐま座──忘れられたヘリケーとキノスラ

β星（コカブ）

α星（ポラリス）

紀元前400年頃の天の北極を再現した。こぐま座β星（コカブ）の方が現在のポラリスよりも極に近いことがわかる。

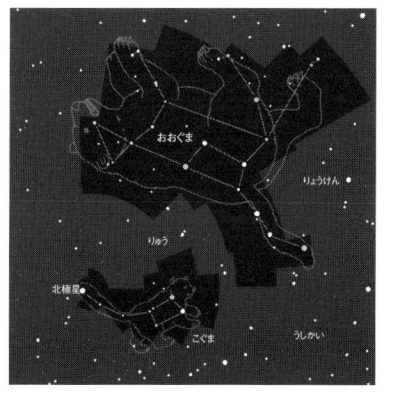

おおぐま座とこぐま座の星座絵図。

Ursa Major & Ursa Minor —— 11

Leo

しし座
ヘラクレスが獅子を倒した地、ネメア

✦ネメアの化け物獅子

　しし座はヘラクレスに退治されたネメアの化け物獅子が天空に留められた姿だと言われています。

　ギリシャ神話では、多くの化け物と怪物は蛇の女神エキドナを母に持っています。次に語るうみへび座も同様です。ネメアの化け物獅子は系譜上はテーベ近郊に現れ、謎掛けをして旅人を殺したスフィンクスの兄弟ということにもなっています。

　この星座物語の舞台となるネメアは、ペロポネソス半島の付け根に位置するアルゴリス地方にある町です。高速道路を使ってコリントスからネメアに向かうと、ネメアの谷に入る手前でネメアの岩門が見られます。ネメアはワイン作りを中心とした現代ネメアと古代遺跡中心としたアルヘア（古代）ネメア村に別れています。

　ネメアはギリシャワインの1大銘醸地となっています。ブドウ畑は町の周辺を超え、南西方面の緩やかな丘陵地まで延びていて、通称ワインロードと呼ばれる道が延々と続いています。その多くはアギオルギティコ種というブドウが栽培されています。このブドウからフランスのブルゴーニュ地方で栽培されているピノ・ノワール種とガメ種を足して2で割ったような芳醇なアロマを放つ赤ワインが作られます。ギリシャ北部で栽培されるフシノマブロ種による力強い赤ワインも有名ですが、個人的には「ネメアの赤」の方が好きです。

　私はネメアを幾度となく訪れました。というのもギリシャ本国には柱が残されている神殿遺跡が意外と少ないのです。星景写真を撮ると、柱がある遺跡と無い遺跡では、印象がまるで違います。ネメアのゼウス神殿には当時（1995年）3本の柱が残されていて遺跡周辺の民家も少なく、広大な遺跡内の夜間照明設備もまだ貧弱でしたので、星の写真と神殿を撮影するのに都合が良かったのです。この地で狙っていた、ネメアの化け物獅子（しし座）とゼウス神殿がうまく構図に収まる場所がありました。ゼウス神はヘラクレスの父であり、天空を支配する神ですから、しし座の前景としてふさわしい遺跡といえるでしょう。

　このようにネメアはワインのみならず、遺跡も残されています。しかもネメアは都市の遺跡ではなく「ゼウスの聖所」です。そしてこの聖所を治めていたのがクレオナイという町でした。ネメアの主神殿はゼウス神殿であり、今も柱が数本残っています。遺跡内に

獅子像は意外と多く見かける。

ネメアの谷へ向かう通称「ワインロード」

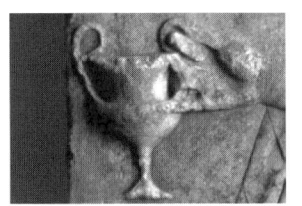

ディオニュソス神が持つコップのレリーフ。

春の星座◇しし座―――ヘラクレスが獅子を倒した地、ネメア

ある博物館も充実していますし、古代4大体育競技祭のひとつであるネメア祭が2年に一度開かれていました。この競技を行った競技場跡も遺跡の東側の丘の斜面に残されています。ゼウス神殿からおよそ400メートルの距離です。

〈しし座〉
しし座は輝かしい栄えある星座だ。しし座は百獣の王として動物たちに君臨し、その誉れとしてゼウスによって星座として置かれた。ヘラクレスの功業の一番目として多くの人々の記憶に刻まれている。武器を使うのではなく首を絞めてネメアの獅子を殺した故、栄えある仕事とされた。ロードスの人ペイサンドロスによると、この後ヘラクレスはこの偉業を示す為に化け物獅子の皮を着るようになった。この獅子はネメアで屠ったという。
しし座の星々はこのようになっている。頭部に3星、胸に1星、胸の上部に2星、右足に輝き渡る星が1星、腹部の中央に1星、腹部の上に1星、尻に1星、後ろ足のひざに1星、後ろ足の最も先に輝き渡る星が1星、首に2星、背中に3星、尻尾の中程に1星、その先に1星、腹に1星、全部で19星。3角形をした尻尾の上に暗い星々が7星あり、それらをエウエルゲテス王の妻ベレニケの髪と呼ばれている。

エラトステネス『カタステリスミ』

ネムルート遺跡西テラスに残る獅子像のレリーフ。木星、火星、水星、月が刻まれている。

大熊(ヘリケー)の下方にふたご座が輝き、大熊の下方にはかに座が輝いている。更にその下方、おおぐま座の背後には、明るく輝く獅子の雄大な姿がある。この辺りは

ネメア遺跡のゼウス神殿。神殿の背後には伏せる獅子の山が見える。

Leo ―― 13

博物館だけでなく野外でも獅子像は見ることができる。 　　　アッティカ黒像様式陶器に描かれた獅子像。

> 太陽の最も高い通り道。太陽が初めてしし座に接する時、畑は乾ききる。その頃には夏の強い北風がエーゲ海一帯に吹き荒れ、オールによる航海はできない。そこで中のうつろな船は、この強風の中で舵取りの舵任せとなる。
>
> アラトス『ファイノメナ』147-155行

✦ギリシャに獅子（ライオン）はいたのか？

アリストテレスによると、ライオンは非常に珍しい動物で、ネッソス（トラキアのネストス）川とアカルナニア地方を流れるアケロオス川の間に生息しているという記述があります。この記述はどうやらヘロドトスやクセノフォンからの引用のようです。これらの文献には、紀元前5世紀、ペルシャのクセルクセス王が大挙してギリシャに侵攻してきた時、夜行軍中に食料を担ったラクダがライオンに襲われたという記述があります。

✦テスピアイの獅子について

実はヘラクレスによる獅子退治は、ネメア地方の専売特許という訳ではありません。ヘラクレスはその青年期をボイオティア地方のテーベで過ごしました。この町の南西方向にはギリシャ悲劇の舞台となるキタイロン山があり、更に西には詩神が棲むヘリコン山があります。そしてこの二つの山の間にテスピオス王が収めるテスピアイと呼ばれる町がありました。この町では王やヘラクレスの父アンピトリュオンが、家畜の群れをライオンが荒らして困っていたのです。そこで父やカストル、エウリュトスなどから様々な戦う術を習得していた若い英雄ヘラクレスが、この獅子を退治することになりました。ヘラクレスは山野を歩き、ヘリコン山の麓でオリーブの木を根こそぎ引き抜き、それを棍棒としました。そしてテスピオス王の館に辿り着くと大変な歓待を受け、王の50人の娘と寝ることになり、女たちは子供を生みました。唯一人、寝るのを断った娘はテスピアイにあるヘラクレス神殿の女神官として終生仕えることとなりました。ヘラクレスはあっさりと獅子を退治して、そして獅子の皮を剥いで、その毛皮で頭や肩を覆いました。ヘラクレスはネメアの獅子退治においても同様のことをしてマントを作っています。どちらの話が正しいと考える必要はないでしょう。テスピアイでの獅子退治の話は、有名な12の功業以前に行われた彼の武勇譚のひとつです。

✦ネメア祭について

私は星座物語を語る上で、登場する人物の年代をギリシャ神話や悲劇、そして遺跡の年代等を織り交ぜながら紹介したいと思ってきました。そうすることによって、星座物

ヘラクレスの12の功業を表したモザイク。

獅子の皮を被ったヘラクレス像。

春の星座◇しし座―――ヘラクレスが獅子を倒した地、ネメア

ギリシャ4大体育祭の一つネメア祭が行われた競技場跡。

語とギリシャ神話と歴史をより身近に感じることができるのです。
　オリンピックを代表とする古代体育祭は、歴史を遡ると葬礼競技に辿り着きます。つまり有名な、または有力な人が亡くなった時、その個人を惜しんで行う競技のことです。アキレウスの盟友パトロクロスが亡くなった時、アキレウスが盟友のために葬礼競技を催している箇所がホメロスの長編叙事詩「イリアス」に見られます。
　ネメア競技祭の始まりは、ボイオティア地方のテーベで起こった様々な悲劇と関係しています。ギリシャ悲劇にはオイディプス王の二人の息子が王権を争う「テーバイ攻めの7将」という作品があります。作品ではオイディプス王の息子ポリュネイケスがアルゴスに亡命し、アルゴス軍に働きかけてテーベを攻撃する軍隊がネメアを通過した時に悲劇が起こります。ネメア王リュクルゴスと妃エウリュディケの間には、幼い王子オフェルテスがいました。王子が乳母ヒュプシプレに抱かれて外に出ていた時、そこへテーベ攻めの軍隊が通過し、泉のありかを乳母に尋ねました。乳母が泉の場所を説明するためにセロリの上にオフェルテスを置いた時、大蛇が現れて王子を襲い、王子は帰らぬ人となりました。この王子の死を弔うために行われた葬礼競技がネメア祭の起源でした。歴史時代ではネメア競技祭は紀元前573年から2年ごとに開催されました。
　この短い話には2つの大きな物語への伏線が見られます。乳母のヒュプシプレはレムノス島のトアス王の娘でした。島の男たちが異国の女たちにのぼせて妻をないがしろ

Leo――― 15

Leo

にしたということで、島中の男に酒を飲ませて皆殺しにした話が残る島です。ヒュプシプレはイアソンを隊長とするアルゴ船の乗組員たちがこの島に上陸した時、彼女はイアソンから2人の男子を得ました。さて王子を死なせるという失態を演じた彼女は死刑を宣告されます。けれども刑が執行される前にレムノス島から2人の息子が父親の形見である黄金の葡萄の木を持って助けにやってきました。彼女の父トアスは、他ならぬディオニュソス神とアリアドネの息子だったのです。しかも黄金の葡萄の木がネメアにもたらされ、現代ではこの地は葡萄畑で覆われています。

✦レグルスについて

しし座の1等星を「レグルス」と名付けたのは、地動説で有名なコペルニクスでした。意味はRex(王)から来ていて、Regulusはその指小辞であり「小王」を意味します。ギリシャ語ではこの星を「バシレウス」と呼びやはり「王」の意味を持ちます。この意味は古く、シュメール時代まで遡ります。このシュメール時代、軍事的な覇権を持つ都市の王を「ルーガル(偉大な人=王)」と呼び、ムル・アピンにもこの星は「Enlil mul LUGAL(王の星)」と記されています。また行政や祭事を司ったエンシという身分もありましたが、ルーガルがエンシを兼任することもよく見られました。しかもルーガルは、シュメール全域を支配したり、周りの諸都市国家を従えるような有力な都市の王の称号でした。つまりレグルスという星の名前には巨大な支配者としての王の星に相応しい輝きを持っているということです。歴史上ではルーガルザゲシ(BC2360年頃)が有名です。コペルニクスによって王から小王へと後退してしまったことは何とも悲しいことです。

またこの星の星座絵の位置から「Καρδία Λεόντος(獅子の心臓)」とギリシャ人たちは呼んでいました。

春の星座◇しし座───ヘラクレスが獅子を倒した地、ネメア

黄道12星座のひとつしし座。明るいレグルスやデネボラが輝いている。

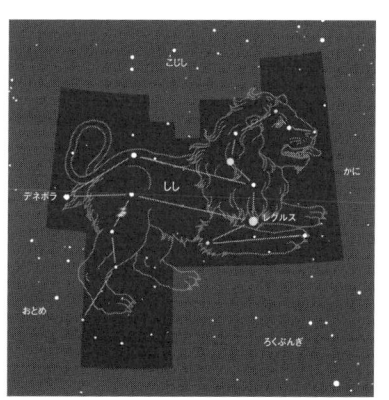

しし座の星座絵図。

Leo ─── 17

Hydra

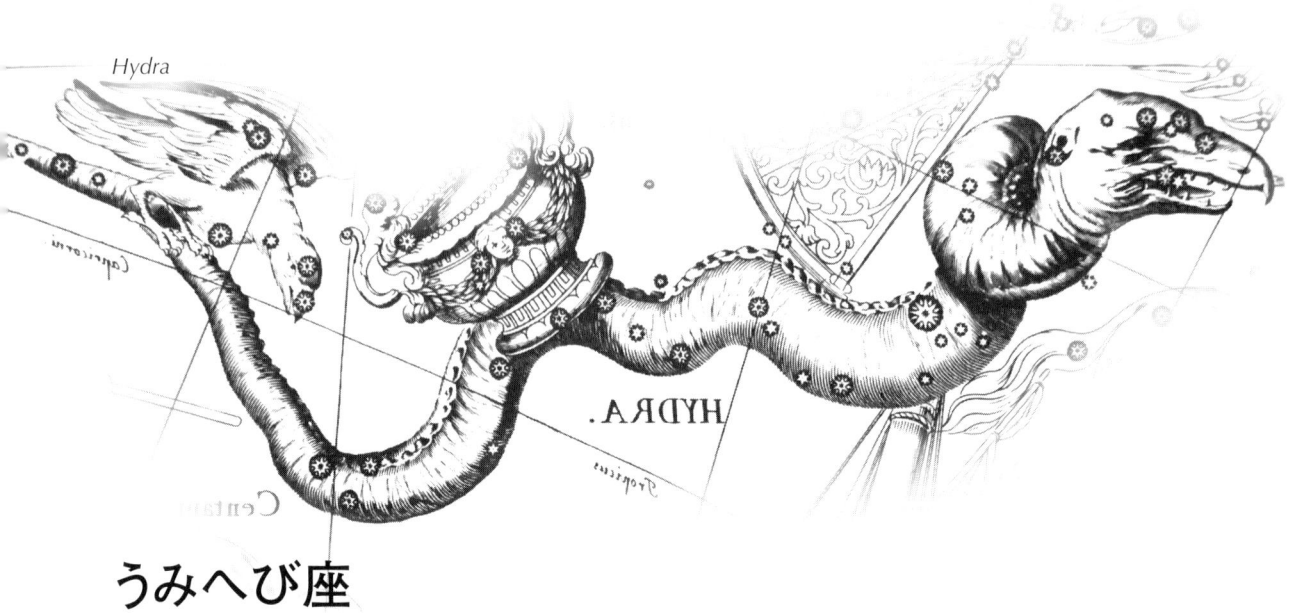

うみへび座
隔月で襲いかかるヒュドラ

✦ 今月のうみへび!?

　現代ギリシャで生活していると、2カ月毎にヒュドラが家庭を襲ってきます。ヒュドラは、現代ギリシャ語読みではイドラと発音しますが、「今月のイドラ（ヒュドラ）が…」という会話を偶に耳にするのです。

　その正体は水道料金の請求書のことです。ギリシャの水道料金は、日本と比べると割安で下水料金もありません。語幹の「hydr」には「水」の意味が含まれ、英語の水素（hydrogen）や消火栓（hydrant）といった単語に表れています。

　ギリシャ神話中のヒュドラは水蛇の化け物です。巨大な大蛇であり8つとも9つあるとも伝わる多頭の首を持っていました。しかもその首は、切ってもまた蘇生してしまいます。さらに、口からちょっと触れただけでも命を落としてしまうほど致死性の高い毒霧をシューシューと吐くのです。

　このように旅人にとって迷惑極まりない毒蛇が、神話時代のアルゴスとトリポリを結ぶ海岸道路に生息していました。ヘラクレスはアルゴス王エウリュステウスに命じられこのヒュドラを退治することになります。ケンタウロス族のポロスがこの毒で死に、同じく

アクロポリスに建設されたアテナ古神殿ではヘラクレスとヒュドラの戦いが彫られていた。

春の星座◇うみへび座────隔月で襲いかかるヒュドラ

ケイローンは苦しさのあまりプロメテウスに不死性を譲って死にます。しかもヘラクレス自身もヒュドラの毒が災いして生きたまま火葬されることを選びます。

〈うみへび座〉
これらの星々は共通の有名な物語として処理できる。アポロン神はからすの価値を見い出していた。というのも神々にはそれぞれの神を象徴するようなそれぞれの鳥を持っていた。神々に犠牲を捧げようとした時、水を求めてからすを泉へと送った。からすは泉近くにイチジクの木を見つけ、イチジクが熟すまでそこに居着いてしまった。何日か経って実が熟したので、イチジクを食べようとした時、からすは失敗に気がついた。そこで泉にいた水蛇を捕まえては、水蛇を壺の中に入れてそのまま帰っていった。遅れた理由として、からすは泉では毎日水蛇が激しく暴れ回っていたと主張した。けれどもアポロン神は何が起きたのか知っていた。神は人間たちにカラスの行為を留めるために罰として喉が渇いた状態で夜空の星座にしたという。ちょうどアリストテレスが動物誌で言っていたように。からすの行動は記憶され、神々に対する失敗から水の入った壺から離れて星座として置かれた。星座となったからすは喉が渇いているのに飲むこともできなければ行くこともできない。
ヒュドラの頭に3星が頭にあり、最初のとぐろに6星がある。次のとぐろに3星が輝き、3番目のとぐろに4星があり、4番目には2星あり、そこから尻尾まで9星あり、全部で27星ある。

エラトステネス『カタステリスミ』

ヒュドラと戦うヘラクレス。他にイオラオスとアテナ女神像が描かれている。

Hydra

レルネ海岸でヒュドラ（うみへび座）が昇る姿を捉えた。画面右手に泉がある。

この辺りには別の星座が夜空を取り巻いている。
それらの星々を人々はヒュドラ（うみへび座）と呼んだ。
まるで生きている生物のように蛇行し、長大な星の軌跡を描いている。その頭はかに座の下方にあり、長い胴はしし座全体を下から取り巻き、その尾はケンタウロス座の上方まで延びている。そしてヒュドラの中央にはコップ座が輝いているし、からす座の姿も見える。からす座の姿はくちばしでヒュドラの胴を突いているようにも見える。

アラトス『ファイノメナ』443-449行

2つの回帰線の間、微かに見える灰色の天の川は地上を下から支え、天球を想像上の線で二分している。
そこでは昼と夜の長さが等しく、夏と春の間にある。
その星座はおひつじ座とおうし座のひざ辺りになる。
天の赤道は、おひつじ座を貫き、おうし座では前足の下にある。そこからよく光るベルトを締めたオリオンを通過し、とぐろを巻く暗いヒュドラを過ぎる。
その辺りにはとても暗い光のコップ座とからす座が輝いている。そして仄かな光のさそりの爪やへびつかい座のひざの辺りを天の赤道は通過してゆく。
だがわし座は通過していないのであるが、このゼウスのメッセンジャーの近くを通過している。そしてわし座と向かい合いながらペガソス座の頭と首を通っていく。

アラトス『ファイノメナ』511-525行 "天の赤道編"

✦ギリシャのイチジク

　エラトステネスの星座物語では、妙なことに通常のレルネのヒュドラの話ではなく、イソップ（アイソポス）物語の要素が盛り込まれています。また、物語にはイチジクの果実が登場します。ギリシャのイチジクはたいへん美味しく、私のアパートの庭にも大きなイチジクの木がありました。2階が私の部屋だったので枝の一部がベランダの手すりに架かっていたのです。イチジクの実は私の手の届く範囲に沢山生っていました。あとは何時が食べごろか、鳥と時間との戦いになります。8月の下旬に完熟のイチジクを手に取って食べてみますと、非常に甘く香ばしくて美味しいものでした。イチジクの熟すのを待っていたカラスの気分もわかるような気がします。

✦レルネ探索

　レルネはアルゴリス湾の西端に位置しています。アテネから約120キロほどの距離になります。

　古代では有名なレルネは、現代ではミリという名の村になっています。街道には店舗が少し並び、小さな漁港があり、海岸道路には数件の魚タベルナ（食堂）があり、数件の小ホテルがあります。アルゴリス湾東端にある有名な観光地ナフプリオンと比べると、レルネはこじんまりとして、穏やかでのんびりとしたギリシャ人たちが生活しています。

　昔から街道の要衝としてベネチア時代の城壁も残されていて、村には小さな博物館や古代遺跡もあります。15キロほど北上すれば、地方都市アルゴスに到着します。アルゴスには大きな遺跡が残され、帰りの土産としてウインナーが美味しいことでも有名です。コリントスからアルゴスを経て、アルカディアのトリポリまで繋がる高速道路が完成する以前は、このミリ村を通る2車線の道がトリポリへと向かうメインロードでした。非常に渋滞しましたし、その頃のギリシャでは冷房付きのレンタカーなどは皆無だったので、夏場の移動は1日がかりのたいへんなものでした。道幅が狭く駐車するスペースもあまりなく、道中で追い抜いてきた遅い車両が再び私を追い越していくことを考えると、とても途中で休憩する気にはならなかったのです。

　私がアテネに住むようになってから、高速道路が完成しました。かつて移動した旧道はすっかり車の量が減りました。そうなるとレルネとその周辺をもう少し丁寧に散策してみたくなります。

　レルネのヒュドラの正体は何でしょうか？　有名なヒュドラの毒で、誰かが死に、古代ギリシャ人たちはレルネの沼が冥界に通じ、タイナロン（死）岬の洞窟とも繋がっていると考えていました。ギリシャ神話では、ディオニュソス神を好きになれなかったペルセウス王は、神を八つ裂きにしてレルネの沼に捨て、テセウスとオイノマオスはここから冥界に向かったとも伝わっています。レルネは「冥界と毒」が関係する一種の彼岸の世界を感じます。

　多少無謀なこととは承知していても、この怪物の正体は何だろうか？　単なる毒蛇なのだろうか？　と何度も考えることがありました。ギリシャにはクサリヘビと呼ばれるマムシに似た毒蛇が生息しています。クサリヘビが多く生息しているのだろうか？　それともレルネには大ウナギでもいるのだろうか？　ギリシャにもウナギが生息しています。

　いろいろな憶測が沸いてきましたが、レルネを訪れてみるのが一番でした。

　村外れにレルネ退治の舞台となったらしい場所を見つけました。街道から小さな漁港

バビロニア時代（BC12世紀頃）の境界石。太陽、月、星と長い蛇が描かれている。

レルネ近郊には通称「ギリシャのピラミッド」とも呼ばれる見張り台遺跡が存在する。

Hydra

に出て南の海岸を臨むと、「hydra（ヒュドラ）」と書かれた小さな木製の看板があります。漁港からヒュドラまで歩いて100メートル程、淡水の小川が勢いよく海に流れ込んでいます。海岸とはいっても小川の周囲には草が密集していて、数本の大きな木が立っていました。ここからさらに小川を20メートルくらい遡ると泉をがありました。どうやら、この泉が「ヒュドラ」のようです。この泉の上流部は幹線道路の下に潜り込んでいるらしく確認できませんでした。西にあるポンティノス山麓から伏流水として流れてくる淡水の泉が現代版ヒュドラの正体でした。思えばギリシャ神話にはヒュドラのような多頭の怪物にテュフォーンがいます。川が上流に向かって枝分かれしていく様は多頭の水の化け物にも見えてくるのです。

　川の少ないペロポネソス半島ですが、この深みと冷たさを感じるレルネの泉がすぐ海の近くに存在することに、多くのギリシャ人たちが「驚き」を持って注目していたことになります。

✦紀元前3000年頃のうみへび座

　うみへび座は東西に長い星座で、約100度ほど角度があります。歴史が始まった頃、ちょうど天を二分する天の赤道に位置していたことから、太古の昔から注目されていました。ムル・アピンには「Anu mul d MUS（蛇）」とあるのでシュメール時代の遺産ということになります。

　紀元前3600年から3000年ごろの夜空を天文ソフトで描いてみると、うみへび座はちょうど天の赤道付近に位置し、真東から真西へと天を2分するように星の列が次々と続いています。とは言え東西に長い星座ですので、一年の特別な季節を示す星座にはなり難かったでしょう。というのも紀元前3000年以前の北緯31.5度付近の土地では、冬至の夕方の東の空にヒュドラの心臓（コル・ヒドラエ）が地平線の上に見えるのですが、少し北に位置するしし座の尻の星（デネボラ）の方がより輝いていたからです。ちなみに、紀元前3000年代は、南メソポタミア地方の灌漑化が進む一方、農耕に秀でたウバイド人からシュメール（ウルク）人に支配が遷る時代でした。

　現在ではうみへび座は南の空に輝いています。勿論、その原因は歳差運動によるものです。うみへび座は5000年かけて夜空を移動してきたのです。そう考えるだけで悠久の時の流れというものを感じずにはいられません。

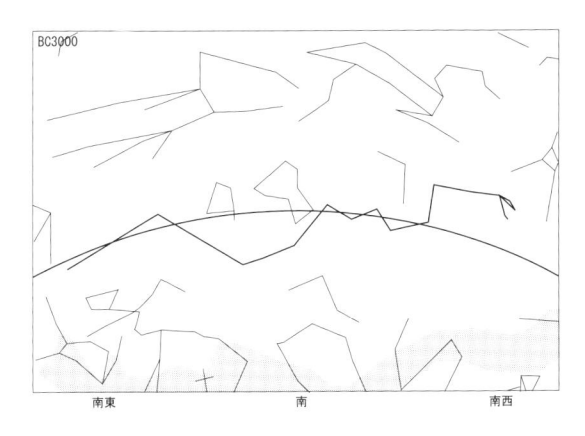

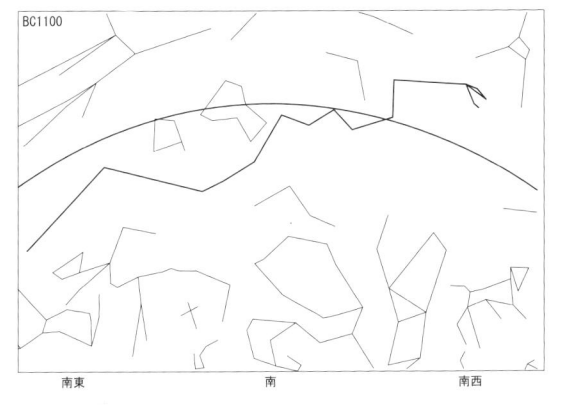

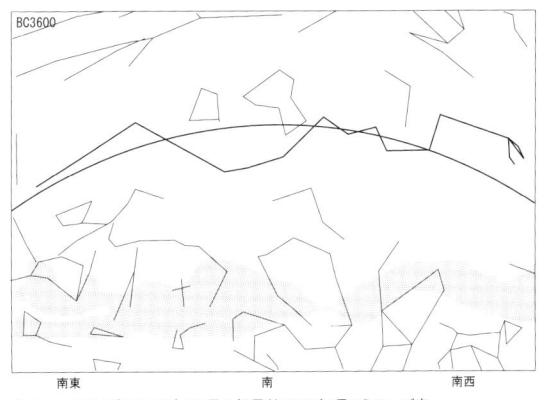

春の星座◇うみへび座————隔月で襲いかかるヒュドラ

左上　　ウルク(北緯35度)から見た紀元前3000年頃のうみへび座
右上　　ニネベ(北緯36度)から見た紀元前3600年頃のうみへび座
左下　　紀元前1100年頃のうみへび座

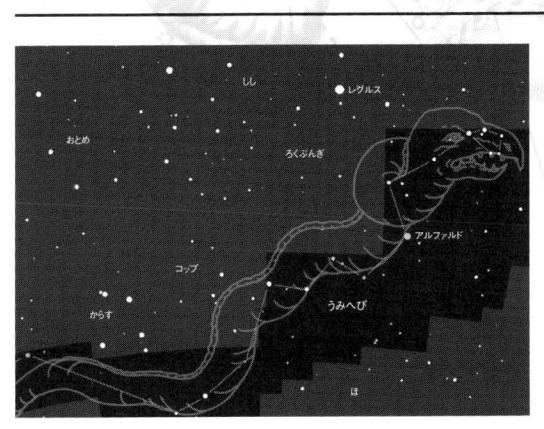

うみへび座の星座絵図

Hydra ———— 23

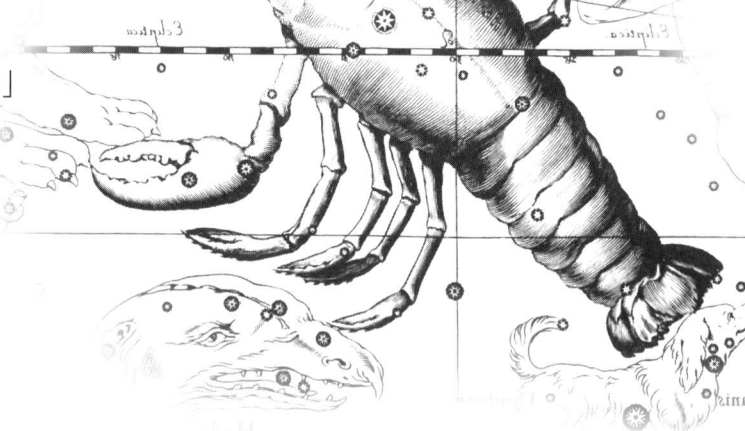

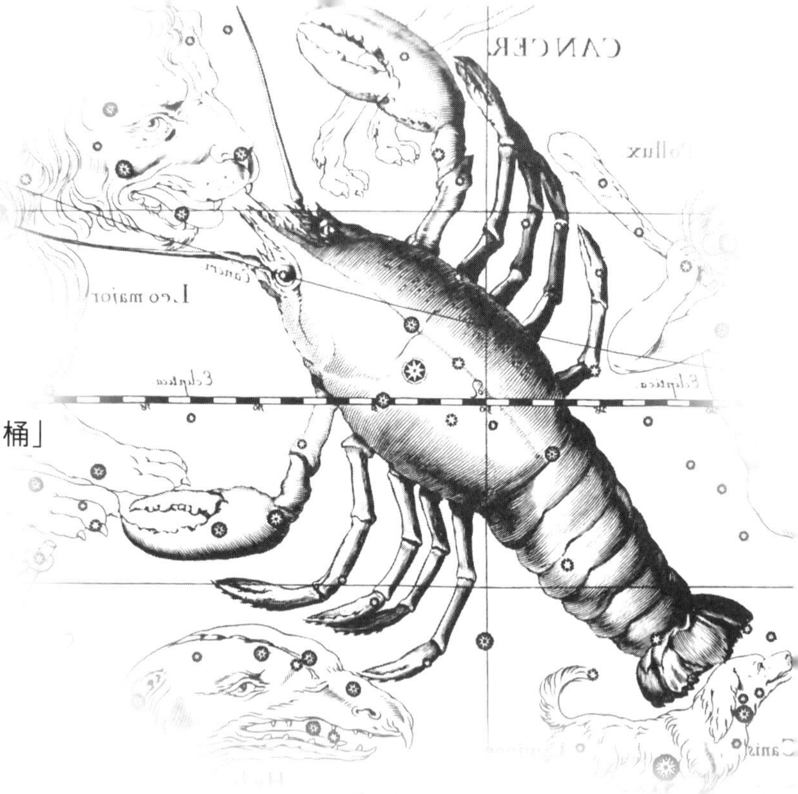

Cancer

かに座
化け物蟹のもう一つの姿「飼い葉桶」

✦ ヘラクレスの化け物蟹

　かに座の星座物語は、ヘラクレスがレルネのヒュドラと戦っている最中に、ヘラ女神がヒュドラの援軍として送り込んだ化け物蟹が星座となった、というものです。首尾よく海（または沼）からレルネの岸に上陸し、ヘラクレスの足下に来て、彼の足を挟んだまでは良かったのですが、ヒュドラとの格闘を邪魔したこの蟹に対して、ヘラクレスは「ええい、猪口才な!」という感じですぐに踏み潰してしまいます。あまりにもあっけない物語ですが、人生においても神話の世界においてもこのようにあっけない話や事件が意外と

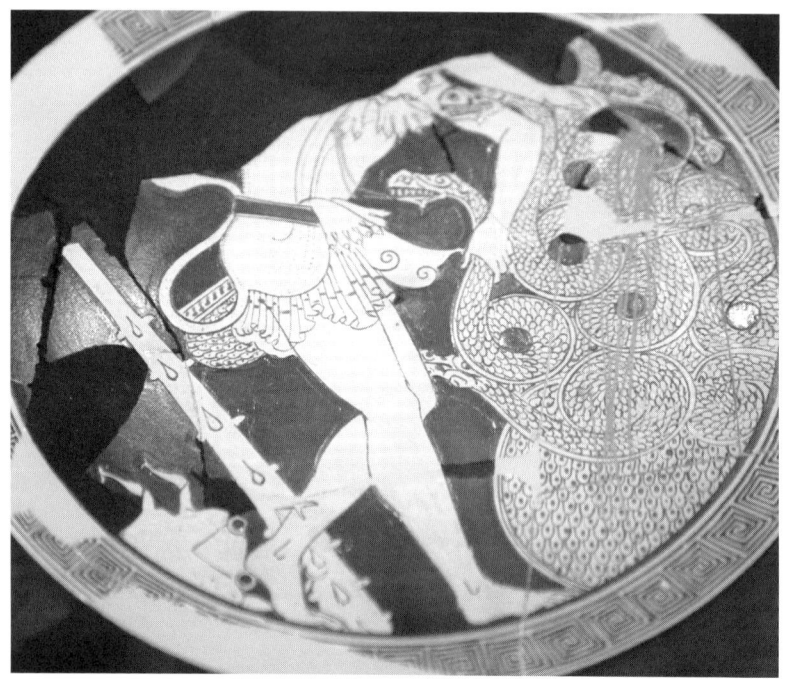

ヒュドラと戦うヘラクレス。彼の足下に蟹が描かれている。

春の星座◇かに座───化け物蟹のもう一つの姿「飼い葉桶」

多く存在します。
　かに座にはもうひとつ、かに座の形を飼い葉桶に例えて、餌を漁るロバの姿とする見方があります。ギリシャ人たちはそのロバを巨神族との戦いに当てはめました。

〈かに座〉
この星座はヘラ女神によって星座となったと言われている。ヒュドラがヘラクレスたちと戦っている最中に、ヒュドラに協力して沼からはい上がり、ヘラクレスの足を挟んだからだという。パヌアシスの作品「ヘラクレス」においても、彼が足で蟹を踏みつぶしたことが巨大な栄誉となり、幸運にも12星座のひとつとして数えられるようになった。またある者はこの星座をロバたちと言い、ディオニュソスによって星座として上げられたという。ここには飼い葉桶が目印となっている。ロバと飼い葉桶の話は以下のようになっている。
オリンポスの神々と巨人族との戦いの最中、ディオニュソスとヘファイストス、そしてサテュロスはロバに乗って戦場に向かった。彼らの姿はまだ見えなかったが、ロバの鳴き声が巨人族たちを包み込んだ。この泣き声を巨人族は恐れて逃げてしまったという。これによってロバたちはかに座の西の傍らに置かれる栄誉を得た。
かに座には甲羅に2星が輝き、ロバを意味している。雲状に見える天体が飼い葉桶に当たる。蟹の右の足と思われる暗い星が1星、左足の前足に暗い星が2星輝き、2つ目の足に2星が輝き、その後に1星があり、最も遠い4つ目の足に1星が輝いている。口に1星あり、右のはさみには3星あるが、明るいわけではない。左のはさみにも2星が輝き、全部で17星。
　　　　　　　　　　　　　　　　　　エラトステネス『カタステリスミ』

獅子と蟹は北回帰線と交わっている。それらの星座によって北回帰線の星座はできている。回帰線は獅子の胸と腹と腰の辺りを通り、蟹の甲羅を見事に割っているように見える。
切られた蟹の目はとても驚いているように見てとれる。
この北回帰線は8つの部分に分けられるようだ。昼は5つの星座が空を巡り、残りの3つは地下に潜っている。その輪の中に夏至点がある。丁度、黄道の最も北にある蟹の辺りに。
　　　　　　　　　　　　　　　アラトス『ファイノメナ』491-500行

「飼い葉桶」を見なさい。北天にある薄い霧のような飼い葉桶を。
それはかに座の下方にある。飼い葉桶の回りには2つの暗い星が輝いている。遠く離れすぎていないし、とりわけ近くにあるわけではないが、その距離はさしずめ腕尺くらいであろうか。ひとつは北に、もうひとつは南にある。この星たちは人々から「ロバたち」と呼ばれている。このロバたちの間に飼い葉桶の姿がある。空が突然晴れ上がり、飼い葉桶だけが見えない時がある。一方で2つの星が近づいて見えたりする時は、嵐がやって来て、畑は大洪水となる。
もし、飼い葉桶が暗く見え、2星が見えている時は雨になる前兆だ。
しかしもし飼い葉桶の北にロバの星が薄くぼやけて輝き、南のロバの星が明るく輝く時、南の風が吹く。しかし、もし逆となり、南のロバの星がぼやけて、北のロバの星が輝く時、北風に注意しなければならない。
　　　　　　　　　　　　　『ファイノメナ』後編"天気予報" 892-908行

ディオニュソス神からワインを頂くヘラクレス。

ヘラクレスのヒュドラ退治。足下に蟹が彫られている。　　　　　　　　　　　　　ネムルート遺跡西側テラスにあるヘラクレス像。

✦プレセペ(M44)について

　散開星団であるプレセペ(M44)は肉眼で見るとぼんやりとしています。天文学者ヒッパルコスは「$Νεφέλιον$（小さい雲）」と呼び、天文詩人アラトスは「$Ἀχλύς$（小さい霧）」とも呼びました。他にも「ひとつの雲」「回る雲」といった呼び名があります。

　一般には「飼い葉」や「秣」と呼ばれ、アラトスの他、エラトステネスやプトレマイオスも周りを囲む4星から成る一群を「$Φάτνη$（飼い葉桶）」と認めています。ラテン語では「Praesaepe（飼い葉桶）」と変化して、現代では二重母音を単母音化してプレセペと呼ばれています。4星の内γ星とδ星は飼い葉を食べるロバとされ、その神話物語はエラトステネスが語る通りです。

　このように古代星座には、かに座のようにひとつの星座の中に別の星座があるというパターンが見受けられ、このかに座以外にもぎょしゃ座やてんびん座などがそれに当たります。

　またアカデメイア学派を開いた哲学者プラトンは、この「小さな雲」を人間の魂が天に昇る門と考えていたようです。

✦巨人族との戦い ── ティタントマキアとギガントマキア

　ティタン族とはゼウス神やアポロン神たちの世代よりもひとつ上の世代の神々を指します。先ずカオスがあり、そこからガイア（大地）が生まれ、タルタロス（奈落）などができました。ガイアは天空神ウラノスを産み、ウラノス神が初代の覇者となりました。そしてウラノスの男根を刈り取ったクロノス神が二代目の最高神となりました。そのクロノスとその兄弟たちがティタン（巨人）族です。

　さて、ウラノス同様にクロノスにも「自らの子供に統治権を奪われるだろう」という予言がありました。そこでクロノスは妻であり姉妹でもあったレイアから産まれる子供を次々と

春の星座◇かに座───化け物蟹のもう一つの姿「飼い葉桶」

飲み込んでしまいました。しかし、レイアはゼウスが生まれた時、石を襁褓に包んでクロノスに飲み込ませ、幼いゼウスをディクテ山またはイダ山の洞穴の中に隠しました。ゼウスはこの洞窟中でアマルテイアと呼ばれる牝山羊の乳を飲んで成長しました。赤ん坊の泣き声を消すために、クレーテースたちが盾と槍を打ち鳴らしたと言われています。そして成人したゼウスはレイアの陰謀に加担しました。この謀とはクロノスに吐剤を飲ませて、腹の中にいる子どもを吐き出させてしまおうとするものでした。何も気がつかないクロノスはまんまとその計略に会い、腹の中に飲み込んだポセイドンなどの神々を吐き出してしまいます。ゼウスは吐き出された兄たちや姉たちと協力してクロノスに対して覇権を賭けた戦いを挑みました。神託によって冥界の底に閉じこめられていた怪物たちを開放すれば勝利することがわかり、ゼウスたちはキュクロプスやヘカトンケイレスなどの怪物たちを開放して味方にしました。怪物たちはゼウスには雷電を与え、ポセイドンには三叉の矛を与え、ハーデスには姿を隠す兜を与えました。これによってゼウスたちはクロノスたちを冥界の底(タルタロス)に閉じこめ、ヘカトンケイレスをその見張り役にしました。これによって3兄弟は世界を分割統治することになり、ゼウスは天空を、ポセイドンは海を、ハーデスは冥界を統治することになったのです。これが10年に及ぶゼウスを最高神とする支配権の確立の為の戦い(ティタントマキア)でした。

　ギリシャ神話に出てくる生き残りのティタン族を抜き出してみましょう。オケアノス(大洋)、オケアニデス(オケアノスの娘たち)、ヘリオス(太陽)、ヘリアデス(ヘリオスの娘たち)、

ヘラクレスとヒュドラが戦ったレルネ海岸遠望。

Cancer ─── 27

かに座全景。四辺形の中にある散開星団M44はプレセペ(飼い葉桶)とローマ人から呼ばれた。哲学者プラトンは人間の死後の魂が昇っていく場所と考えたようだ。

アトラス、プレアデス（アトラスの娘たち）、テティスなどの他、アストライオス（星空）、セレーネ（月）、エオス（曙）、そして万物の行く末を知るプロメテウス。自然界に現れる大きな舞台装置とでもいうべき神々です。このように人間が手に触れがたい場所や近づき難い場所にティタン族の神々が生き残りました。

　この戦いに勝利したゼウスを中心とするオリンポスの神々に対して、かつての協力者であったガイア（大地）は落ち着かなくなって、再び巨人たち（ギガンテス）を生み出して、ゼウスたちの覇権を脅かそうとします。これが巨人族との戦い（ギガントマキア）です。この戦いはゼウスを中心とする神々の試練となりました。この時の戦いにはゼウスの娘アテナや光明神アポロンの他、人間のヘラクレスまで参加しました。ディオニュソスやヘファイストス、サテュロスが飼い葉桶を食らうロバに乗ってこの戦闘に駆けつけ、ロバの泣き声がギガンテスたちを恐怖に陥れ、ゼウスたちの勝利に貢献したと伝わっています。

　その後も大地は時々、巨人を生み出しました。その代表的な怪物がテュフォーンで

す。この時の様子は、やぎ座で紹介します。

✦夏至が新年に当たる国では黄道星座の第1宮はかに座
　古代では夏至を新年とした国がありました。例えば、エジプトが有名です。ギリシャではどうでしょうか？　古代ギリシャではポリスと呼ばれる都市国家が点在していました。都市がひとつの国家なので、各都市毎に暦が設けられていました。しかし全ギリシャを統一するような暦は存在しませんでした。それらのうち、アテネを始めとする多くの都市国家は夏至を基準に暦を制作していました。これは太陽がかに座にある時ですので、かに座が第1宮ということになります。このかに座を第1宮とする慣習は、アラトスの天文詩「ファイノメナ」やエラトステネスの「カタステリスミ」などにも見られます。
　このように黄道星座の第1宮はその国の新年の月に左右されたのです。

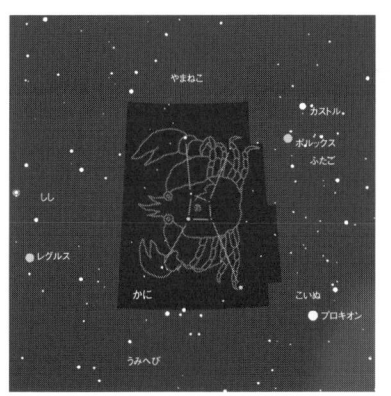

かに座の星座絵図

Virgo

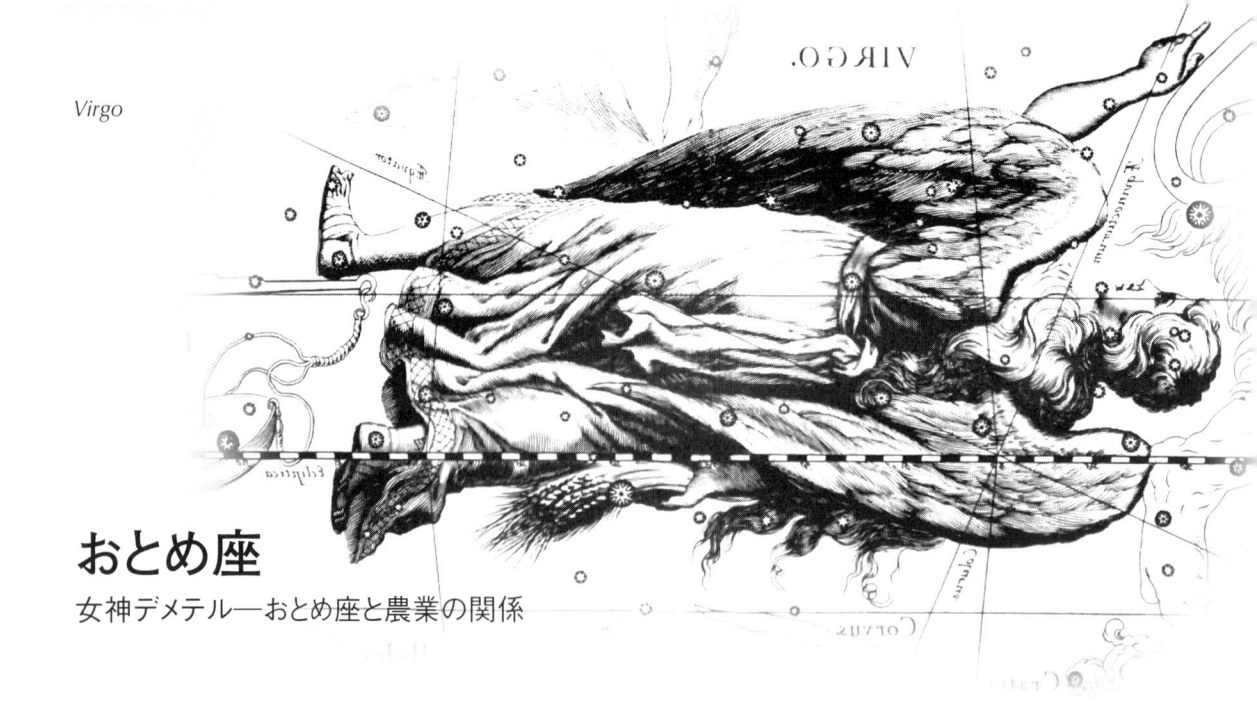

おとめ座
女神デメテル―おとめ座と農業の関係

✦ バスに乗った老女

1940年2月7日のヘスティア新聞(アテネ)に、以下のような記事が掲載されました。

それはアテネとコリントスを結ぶ路線バスで起きた。

コリントスを発した路線バスが、あるバス停で一人の痩せてよぼよぼだが大きく鋭い眼差しの老女を乗せた。彼女は乗車料金を持っていなかったので、運転手は次のエレシウスのバス停で彼女を降ろした。しかし、運転手がアテネに向かうためにバスを動かそうとすると、エンジンがかからなくなってしまった。乗客たちは老女のためにバスの運賃を払うことにしてあげ、老女が乗車すると、バスは動き始めた。老女はバスの車内で次のように語ったという。

「もっと早くそうするべきでした。あなた方は利己的なのです。でも私はあなたたちといるのだから、別な話をしましょう。あなた方は、その生き方の為に罰せられ、作物と水さえも得

エレウシス遺跡にある麦の穂のレリーフ。麦の穂が彫られるのはこの地で行われた有名な秘儀の影響。

春の星座◇おとめ座─────女神デメテル―おとめ座と農業の関係

られなくなるでしょう」と言ったという。
　その記事の続きには、この老女は忽然と消えてしまった、と書かれていました。誰も老女が降りるところを見なかった、と乗客たちは口をそろえて言ったそうです。それから乗客たちは乗車券を確かめて、老女の乗車券が発行されたことを確認しあったとのこと。
　この話はデメテル女神が老婆の姿でエレウシスを訪れたギリシャ神話を想い出させます。
　私はこれまで何度もかつて有名な秘儀が行われたエレウシス遺跡を訪れました。アテネから約30キロほど離れていますが、片道約50円のバスチケット1枚で行けるのです。バスのルートは2つ用意されていて、ひとつは西の高速道路に続く主要道路を辿る道（A16）と、ヒエラオドスルート（Γ16）があります。ヒエラオドスとは「聖なる道」を意味し、古代ギリシャ時代から続いてきた道です。このルートはワインフェスティバルで有名なダフニ修道院の辺りで主要道路と合流します。アテネの喧騒から離れて、1日のんびりと過ごすには良いところです。遺跡には博物館もあり、海にも近く、カフェやレストラン、商店街などもあります。
　私は主にデメテル女神という農耕神が、この地でどのように天体と関係したかをエレウシスの秘儀を中心として調べましたが、この遺跡はおとめ座ではなく別の天体に特化した遺跡でした。
　しかし、この遺跡の前門に向かう手前の沿道に「麦の穂」のレリーフがありました。こ

エレウシス遺跡に併設された博物館に展示されている墓碑。

デメテルの娘ペルセフォネ（コレー）像。

Virgo

の麦の穂はおとめ座と切っても切れない関係があります。
　ギリシャで麦の穂が畑一面に実る初夏の晩、おとめ座のスピカが燦然と輝いています。ギリシャの澄み切った夜空に見る1等星スピカの青白い光は印象的です。ギリシャ語ではこの星を「Στάχυς」と呼び、「麦の穂」という意味になります。英語ならば「スパイク」、つまり麦の穂のように「トゲトゲしいもの」という意味です。けれども日本では春霞や高い湿度が災いしてあまり鋭い輝きを感じません。気候が違う日本ではどうもその輝きは「まったり」としています。
　おとめ座はギリシャ語では「パルテノス(乙女、処女)」といいます。他にも乙女のことをコレーとも呼び、またコレーはペルセフォネを指すこともしばしばありました。おとめ座に一番近いのはデメテル女神やその娘であるペルセフォネかもしれません。他にもエリゴネ、ディケー、アストラエア、アステリアなどが候補として挙げられます。
　おとめ座の説明として、ヘシオドスやアラトスの作品に現れる「5時代の話」があります。黄金時代から鉄の時代へと向かう人類退歩の物語になります。アラトスは正義(ディケー)の女神を持ち出して、おとめ座と関連させようとしました。後に紀元前1世紀頃から天秤を持つ運命(テューケー)の女神とこの正義の女神が融合し、人の正邪を計る天秤を持つようになりました。5時代の話はてんびん座で語りたいと思います。
　ところでアテネ市のアクロポリスに建つ見事なパルテノン神殿は、処女神アテナに捧げられています。アテナ女神やアルテミス女神は共に処女神ですが、ギリシャの神々は神本来の姿を星座として留めていないので、星座のおとめ座とは異なります。

　〈おとめ座〉
ヘシオドスは「神統記」でこう書いている。この乙女はゼウス神とテミス(掟)女神の娘で、「ディケー(正義)」と名付けられた。アラトスはこの物語をヘシオドスから引用している。それによると彼女は最初は不死ではなく、そのときは地上で人間たちと暮らしていた。しかしモラルが廃退し、どこにも正義が無くなった時、人間たちの世界を離れ

充分に実った麦の穂。確かに刺々しい。

エフェソス考古学博物館には有名な多乳のアルテミス像が展示され、よく見ると首元に12星座のレリーフが刻まれている。左からさそり座、てんびん座、おとめ座。

春の星座◇おとめ座―――女神デメテル―おとめ座と農業の関係

山に引きこもった。それから人間の持つ一般的な邪悪性により、騒乱や戦争が続いたので、彼女は人間たちを見捨てて天に昇った。
　彼女については多くのことが語られている。彼女は手に持つ麦の穂からデメテル女神だといわれている。他にもイシス女神、アタルガティス（フェニキアのアフロディーテ女神）、他にはテューケー（運命の）女神ともいわれている。この2女神は、ある日突然やって来るものとみなされている。
　おとめ座には頭に暗い星が1星、両肩に1星ずつ、両翼に2星ずつ輝き、その一つは肩から伸びた右の翼の端に葡萄の早収星が1星ある。両ひじに1星ずつ、両手の先に1星ずつあり、そのひとつはよく知られた麦の穂が輝いている。衣服の裾に暗い星が6星、暗い星が1星、両足に1星ずつ輝き、全部で20星。
　　　　　　　　　　　　　　　　　　エラトステネス『カタステリスミ』

麦の穂とニンニク（または、芥子の実）を持つデメテル像。

牛飼いの両足の下方には、乙女の姿を見る。彼女は手に眩いばかりの麦の穂を持っている。人々が謂うように、彼女は星々の年老いた父であるアストライオスの娘なのだろうか？
　さもなくば、他の父の子供なのだろう。彼女には豊かさが感じられる。
　　　　　　　　　　　　　　　　　　アラトス『ファイノメナ』96-100行

乙女の両肩の上方、右の翼の辺りに一つの星が輝いている。
その星を葡萄の早収星と呼んでいる。さほど明るくもない明るさの星が、大熊の尻尾の下方に輝いている。
　　　　　　　　　　　　　　　　　　アラトス『ファイノメナ』137-140行

麦の穂とデメテル女神が描かれた皿絵。

✦おとめ座と農業との関係

　紀元前7世紀の星の名前のリストに「ムル・アピン」があります。シュメール語やアッカド語で綴られていて、より古代の星を調べる重要な資料となっています。この資料によると、おとめ座は「（田圃の）畔」とされています。その後「おとめ座」と呼ばれるこれらの星々は、農業が関係する物語で構成されています（古代では農業は最も主要な産業）。この星座は「畔」と呼ばれ、輝くスピカは「麦の穂」だとされていました。そしてこの畔はギリシャ時代にはおとめ座へと変遷していきました。
　この星座が見える時期は、古代では最も重要な収穫物だった麦と葡萄の成長と関係していました。パンを主食とする国々では、おとめ座が麦の穂を持つのは当然の帰結なのです。おとめ座が東の空に輝くのは春の宵（夜の始め）、つまり小麦を収穫する季節と重なります。これこそ麦の穂を持つおとめ座の役割なのです。これは現代の日本においてはわからない感覚かもしれません。日本では、小麦の収穫は夏に行われます。おそらく、ギリシャのように5月や6月に畑一面に麦が実る光景を見ることはできないでしょう。
　ギリシャ神話中のデメテルとペルセフォネの物語では、ペルセフォネが1年の1/3を冥界で過ごすこととなり、この時期、地上では作物が実らない時期と重なりました。これが1年の周期性を意味することとなり、農耕民族において原初の自然宗教となりました。この思想はオリンポス宗教とは別個のより古い宗教であったので、正宗教に対する密儀、秘儀として存在したのです。例えばホメロス風賛歌集にあるデメテル賛歌では、この秘儀の素晴らしさを讃えています。
　この自然宗教に属した物語は、シュメール時代のメソポタミアのイナンナ女神とドゥムジ神、イシュタル女神とタンムズ神の物語（大地の豊饒に関わる女神と男性小型天空神）

冥界の王ハーデスとペルセフォネ像。足下に怪犬ケルベロスが座っている。

が意味するところと同質で、やや東方のギリシャ神話として、アフロディーテ女神にみるふたつのパターン、即ちこの女神とアドニスとの恋愛、そして女神とエロスの関係は、メソポタミアと同じパターンでもあります。クレタ島においてはデメテル女神には人間の愛人イアシオンがいました。けれども本土ギリシャにおいては「母（デメテル）と娘（ペルセフォネ）」というように変容しています。エジプトでも少し変化していますが「オシリス（兄）とイシス（妹）」も同根のものです。多くの古代の著作家たちは、エジプトでのイシス信仰とエレウシスのデメテルの秘儀の共通性を挙げています。けれども事が「秘儀」に属するので、古代の著作者たちはそれ以上先の事を話すことはないです。

エレウシスの秘儀の場面と想定される墓碑。

✦ ペルセフォネ略奪の地について

　ギリシャ人たちの間では、「デメテル女神の娘ペルセフォネがどこで冥界の王ハーデスに誘拐されたのか」という疑問がありました。シチリア島のエンナ、アグリジェント、ギリシャではエレウシス、ヘルミオネ、アリフィラ、クノッソス、トルコではニッサ、キュジコスなどが「デメテル信仰の中心地的な町である我が地こそ！」という具合に主張しました。
　デメテル女神が関係するので、先ずは肥沃な土地であること。そして大地が割れた裂

クトニオスとデメテル女神のレリーフ。両神とも大地に関係する。

春の星座◇おとめ座―――女神デメテル―おとめ座と農業の関係

け目が見られる土地ということが前提だったようです。私は20年ほどかけてギリシャと周辺の国々に点在するギリシャ遺跡を見てきましたが、まず肥沃という点はギリシャ本土は省かれるでしょう。古代ではシチリア島（イタリア）やアナトリア高原（トルコ）の方が肥沃でした。私が注目しているのはシチリア島のアグリジェント遺跡とトルコのニッサ遺跡です。前者には裂け目（小さな洞窟）が今でも残っています。また後者の遺跡では川が貫流しているので、大地が深くえぐられています。遺跡の高低差が激しく、いつでも崖が崩れてもおかしくないような雰囲気を持っています。

シチリア島のアグリジェント遺跡のデメテル神殿下部には洞穴が存在する。

ニッサ遺跡の競技場跡。川が貫流しているので大地は深く挟れている。

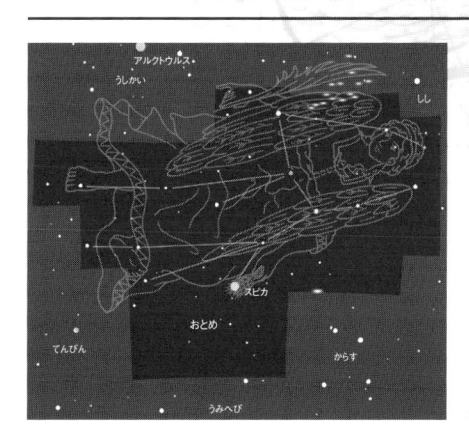

おとめ座の星座絵図。

Virgo ─── 35

かみのけ座
ベレニケの髪―史実を基にした星座

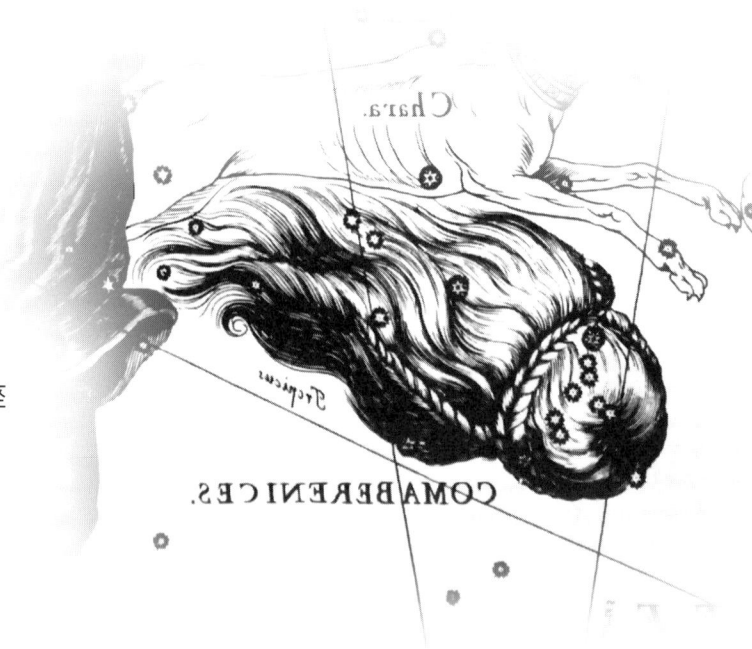

✦ ベレニケをたたえる詩

　ヘレニズム時代の詩人テオクリトスは、以下のようにベレニケを褒め称えている詩を書きました。

> 「アドニス祭の女」テオクリトス
> われらの王妃(ベレニケ)は、女から生まれたもうたが、不死の神に近い方だ。
> から次に生まれてくる御子の母君として歌おう。
> 高雅な貴婦人たちの中でも、ベレニケの誉れはなんと輝かしいかを歌おう。
> 身ごもっている彼女に何たる幸福が宿っていることぞ!
> ディオーネーの娘なるキュプロスの女性の守り本尊は、ほっそりした指を美しい柔らかな胸の上に置いた。
> そして誰もがいうように、どんな女でもプトレマイオスが妻の愛に得たほどの大きな喜びを男に与えたことはない……。
> おお、女神アフロディーテよ、女神の中なるいとも美しき君よ。
> 君こそは美しいベレニケに悲しく陰気なアケロオス川を渡らせたもうことなく、さらに忌まわしい船に着いて、いつも仏頂面の船頭、亡霊の渡守にさらわれて、どこぞの寺の女神となることも防ぎたもうた。……
>
> 野尻抱影著『星・古典好日』恒星社厚生閣

　私はエジプトのアレキサンドリアを一度だけ訪れたことがあります。
　そこにはいつもの青空があり、潮風がありました。ただ、見慣れた地中海を北に見るのは初めての経験でした。
　私のエジプト行きは、常にアテネで旅行代理店を経営するアンドニウ氏に手配を頼んでいました。そして空港に到着した時点で、カイロにあるトラベルエージェンシーに勤務している私と同年のメダハットの世話になります。私の旅の要求が変わっているせいか、あるいは長期アテネに滞在したことによって染みついてしまった私の雰囲気のせいか、彼は私を普通の日本人として見てくれません。この時はアレキサンドリアに寄ってからカイロ入りする予定でした。メダハットはハニ君をガイドとして手配してくれました。有能なハニ君が居なかったら、私のアレキサンドリアでの収穫は半分もなかったでしょう。

春の星座 ◇ かみのけ座 ――― ベレニケの髪―史実を基にした星座

　旅のガイドブックを見ると現代ではかつての王宮地区を偲ぶものは皆無であり、アレクサンドロス大王の遺体を埋葬したソーマもない。ローマ劇場やセラペイオンなど一部の施設が残るだけと記載されています。

　この地では巨大な図書館が建設され、税金で多くの学者を雇われました。エラトステネスが地球の円周を計算し、ヒッパルコスが分点の移動を見出したのもこの街です。ローマ時代となって、ハドリアヌス帝が訪れ、プトレマイオス・クラディオスが「天文学大全」を著した土地でもあるのです。

　星座物語を研究する者として、古代48星座が確立した土地であるアレクサンドリアは、必ず訪問しなくてはならない土地です。ここは、かみのけ座やアンティノウス座が新

プトレマイオス1世はエジプトを統治するため、セラピスという新しい神を導入して成功した。セラピスはディオニュソスないしハーデスを意味する。

Coma Berenices ――― 37

Coma Berenices

星座として生まれた土地なのです。かみのけ座は紀元前3世紀のプトレマイオス朝エジプト時代での実話に基づいていて、三代目のエウエルゲテス王（BC288年―同221年）の妻ベレニケ（BC273年―同216年）の髪の毛が星座となって夜空に輝いています。

古代科学が最高に達したこの街は、現代でも確実に動いていました。私とハニ君は海岸線を進んで港に出て岬へと進みました。そこには有名な世界七不思議のひとつ「アレキサンドリアの大灯台」を構成していた石材でできたカイト・ベイ要塞があります。ここから陸地（街並み）を臨みながら、気になるクレオパトラの王宮跡について、港の海面を示しながら雑談を交わしました。

アレキサンドリア考古学博物館では、かみのけ座で名高いベレニケの彫刻などを見学しました。また展示品のバリエーションと質の良さに感激しました。その後はローマ劇場を見学して遅い食事をとり、セラペイオンに向かいました。ここは遺跡の柱が残るので写真的に絵になりやすく要注意の場所です。このセラペイオンにあるアレキサンドリア図書館別館が、キリスト教徒によって焼き打ちに遭ったことは知っていましたが、焼き打ちに遭った書物は天文学や医学書だったことをガイドのハニ君は説明してくれました。そして今でもこの図書館の跡が地下に残されているとのことです。ハニ君は私をこの古代世界で最も有名な図書館を案内してくれました。図書館の中に入ってみると、さすがに得体のしれない興奮が体の全細胞中を駆け巡りました。

今でもあの時の興奮を思い出します。いつかまたアレキサンドリアを再び訪れたいと切に願っています。

アレキサンドリアのセラピオン遺跡。

アレキサンドリアのローマ時代の劇場跡。

✦ベレニケの物語

時代は紀元前3世紀、エジプトを統治していたプトレマイオス・エウエルゲテスの時代にできた物語になります。エラトステネスの作品には、しし座の紹介の中で、星の位置だけが解説されています。

王は紀元前247年にキュレネを征服し、マガス王の娘ベレニケを妻に迎え入れました。ベレニケは美しいだけでなく、特に髪の毛が美しいことで国中の話題となっていました。エウエルゲテスはベレニケに魅かれ、ベレニケも予てよりこの王に興味を持っていました（彼女はこの結婚のために尊属殺人まで犯しています）。余程この王を気に入っていたのでしょう。また王もベレニケを深く愛していました。

分裂したヘレニズム国家間で、その勢力争いの為に戦争がよく勃発しました。手始めに隣国キュレネを平定したエウエルゲテスは、予てよりも懸案事項であったセレウコス朝のセレウコス2世との戦のためににパレスチナ方面へと出征しました。

王の無事を心から願っていたベレニケはひとつの重大な決意をします。

「夫であり、王であるエウエルゲテスに勝利を与えてくだされば、私の大切な髪を捧げます」と誓いを立てたのです。

出征後しばらくして、「戦はプトレマイオス側の勝利に終わりました」という伝令がもたらした吉報を聴き、人々は喜び合いました。そしてベレニケは誓いの通りのことを実行しました。ベレニケはその美しい髪を美の神であるアフロディーテ神殿に奉納したのです。

その翌朝、神殿に奉納した王妃の髪の毛が消えたということで、王宮にいた人々はざわめき立ちました。そのような中、時の王宮天文学者コノンから「昨晩、夜空の一隅に

「ベレニケ女王」と記されたコイン。

春の星座◇かみのけ座───ベレニケの髪─史実を基にした星座

アレキサンドリア考古学博物館にあるベレニケのモザイク画。

新しい星々が生まれました」という天界の新情報を受け取りました。そしてコノンはこの状況を推察して、王妃の髪の毛が天に昇り、かみのけ座になった、と解しました。

　凱旋した王は、短くなったベレニケの髪を見て、失望を隠せなかったといいます。けれども彼女から髪を切った理由の一部始終を聞き、そして夜空に見慣れぬ新しい星々が輝いているのを知って、納得したといいます。姿形だけでなく、その心まで知った王は、更に深くベレニケを愛したと伝えられています。

✦ ベレニケとキュレネとアレキサンドリア図書館

　ベレニケはキュレネ王であるマガス王の娘です。キュレネはエジプトの西隣にあるリビア東部に当たります。古代ギリシャ人もこの地を訪れ、ドーリス人による植民都市が多く建設されました。キュレネにある多くのポリスの守護神はアポロン神だったようです。

　エウエルゲテス王（在位BC246年─BC221年）は、まず隣国のキュレネを支配下に収め、ベレニケを妻に迎えました。その結果、アレキサンドリアでは文化的にはキュレネ出身者が要職を務めることになりました。第3代目アレキサンドリア図書館長エラトステネス（在職BC245年─BC204年）も、そしてカリマコスも共にキュレネ出身であり、ベレニケを含めてキュレネ出身者による文人サロンが存在した可能性は非常に高いでしょう。この王の治世、文理に秀でた博学なエラトステネスは、膨大な資料をもとに夏至における太陽高度の違いを利用して地球の円周を計算しています。また彼の著した『カタステリ

傷みが激しいベレニケ女王像。

Coma Berenices ─── 39

Coma Berenices

セラピオン遺跡の地下にはアレキサンドリア図書館別館跡が残されている。此処では医学書と天文書が主に保管されていたと伝わる。

春の星座◇かみのけ座――――ベレニケの髪―史実を基にした星座

スミ(星座物語)』は大きな影響力がありました。けれどもエラトステネスの『カタステリスミ』には、かみのけ座は独立星座として扱われていません。この星座物語はアレキサンドリア図書館の目録を作成した高名な文学者カリマコスによる記録とされています。またかみのけ座をローマに紹介したのがカトゥルス(BC84年―同54年)で、ラテン語に訳されてローマ世界に広がりました。

ところで、エウエルゲテス王がエラトステネスに星座物語の製作を命じたのは、敵国であるアンティゴノス朝マケドニアの地から大流行したアラトスの天文詩『ファイノメナ(BC276年―BC274年ごろ)』に対抗してのことなのでしょう。この王の時代にカタステリスミ(星座物語)やかみのけ座まで生まれました。カリマコスはアラトスより5歳ほど年下で、かつて同時期にアテネに滞在していた知己の一人であったようです。加えてBC240年5月25日にハレー彗星が近日点を通過しています。これは現存する最古のハレー彗星の記録です。この時のハレー彗星の出現は、エジプトのアレキサンドリアで活動していた学者たちに多大な影響を与えたと考えられます。

エウエルゲテス王時代の文化の興隆は、王の資質を認めなければならないでしょう。王は『アルゴナウティカ』を著したアポロドロスから教育を受けました。元々、文武に秀でていたのです。この王の治政下では学芸が栄えると同時に、対外的にもセレウコス王朝に勝利してパレスティナを手中に収めました。紀元前240年の勢力範囲を挙げてみますと、キプロス(アラシア)の他、小アジアのキリキア地方、リュキア地方、イオニア地方、そしてエーゲ海のドデカニサ諸島やクレタ島東部なども手中に収め、プトレマイオス王朝時代の黄金時代を築き上げました。

さてベレニケなのですが、紀元前221年のエウエルゲテス王が崩御した後、息子(長男)と共に王位に就きましたが、紀元前216年に息子フィロパトールによって殺されました。この王は姉妹と結婚するというモラルの破壊者でもありました。このフィロパトール以後、プトレマイオス朝は衰退の一途を辿り、ローマの保護の下で女王クレオパトラの代まで独立を維持しました。このように星座となって星空に輝くベレニケのかみのけ座ですが、息子に殺されたことを考えると、その輝きも悲しいものがあります。

書生風の彫像の足下にパピルスの巻物が彫られていた。

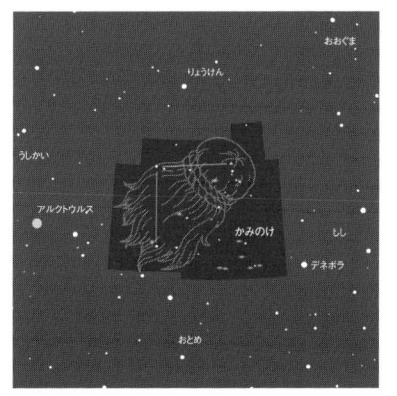

かみのけ座の星座絵図。

Coma Berenices ―――― 41

Bootes

うしかい座
イカリオスのワインとディオニュソス神の北上

✦ 沈みの遅いボオーテス

　春の夜空を天高く、うしかい座が輝いています。目印は農耕の星「アルクトゥルス(熊番)」です。この星は注目すべき星です。というのも、春の夜に見えていたこの星は、晩秋になっても西の空に見え続けているのです。秋のつるべ落としと相まって、いつまでも西の空に見えるこの特徴的な星を、ホメロスはオデュッセイアの第5巻で「沈みの遅いボオーテス(うしかい座)」と歌い上げました。またヘシオドスの教訓叙事詩『仕事と日々』中の農事暦でもアルクトゥルスが2度登場します。

　　　冬至の後、60日の冬の日々をゼウスが果たし終えられる時、アルクトゥルス星は、オ
　　　ケアノスの聖なる流れを後にして、燦然と輝きつつ、黄昏の(東の)空に始めて昇る。
　　　　　　　　　　　　　ヘシオドス著『仕事と日々』(松平千秋訳 岩波文庫) 564-567行

　　　オリオンとセイリオス(シリウス)が中天に達し、指薔薇色の曙がアルクトゥルスの姿を
　　　見る時、ペルセースよ、葡萄の房を残らず摘み取って家に持ち帰れ。
　　　　　　　　　　　　　　　　　　　　　　　　　　　　　　　　同609-611行

　農事暦の部分は383-617行に及んでいますが、アルクトゥルスは2箇所しか出てきません。『仕事と日々』ではプレアデスやオリオン、そしてシリウスの方が多く文章に現れるのです。

　この星は晩秋の西の空にいつまでも輝いているのを見かける一方、晩秋の明け方の東の空に再び昇って輝く星でもあります。つまり一年中見える星なので、農作業での必要な特定の時期を指し示すのに意外と使いにくいことを示しています。

　またギリシャの叙情詩人たちは農耕の星としてよりも、海難の星としてうしかい座のアルクトゥルスを歌い上げています。

　星座物語にはギリシャ時代よりも前の時代から伝わった大星座の場合、その神話性が薄れてしまう例があります。うしかい座もその例のひとつ。星座物語としてはイカリオスがワインを広めようとした話が星座物語となっていますが、イカリオスはオイカリア村の村長であって、熊の番人でも牛飼いでも牛追いでもありません。またディオニュソス神は初めからオリンポス12神に含められていないことから、神話としては新しい話である

春の星座◇うしかい座――――イカリオスのワインとディオニュソス神の北上

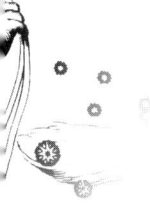

ことがわかります。何故村長がうしかい座となったのか？ この疑問には、この物語の構成と該当星座を考えると古代の秘儀の臭いがプンプンと漂っています。

〈熊番（うしかい座）〉
この星座はカリストとゼウス神との間に生まれたアルカスの姿だという。（ヘシオドスによれば、ゼウスはゼウスリュカイオスの神域の近くに住んでいたカリストを犯した）リュカオンは（陵辱行為を知らぬふりをして）幼いアルカスを八つ裂きにして調理して神々の食卓に配膳した。ゼウスは（リュカオンの非人間的な行為に立腹して）食卓をひっくり返した。トラペゾン（テーブル）という名の美しい都市国家のことではなく、この食卓があった家に神は雷電を放ち焼き尽くした。アルカスの遺体はゼウスによって再び元の形に戻された。アルカスが成長してゼウス・リュカイオスの神域に立ち入った時、熊となったカリストと出会った。尊属殺人という禍々しい事態を避ける為に、ゼウスは2人を天に上げた。アルカスは熊番座となり、近くにおおぐま座となったカリストが輝いている。
この星座は右手に4星あり、これらは沈まない。頭に明るい星が1星輝き、両肩に1星ずつ、そしてそれぞれの胸に1星ずつ、右下に、暗い星が1個、右ひじに1星、ひざの間にはアルクトゥルスと呼ばれる大変輝いた星が1星、それぞれの足に明るい星が1星、全部で14個の星がある。

エラトステネス『カタステリスミ』

雄牛像は最高神ゼウスと関係するのでギリシャ世界では非常に多く見られる。

Bootes ―――― 43

> ヘリケー（おおぐま座）の後方、7星から続くように1つの星座が夜空を巡る。人々はそれを熊番とも牛飼いとも呼んでいた。この星座はまるで荷車のような大熊を曳くように見えるので。とても明るいのが彼の全てだ。というのも彼の腰の下には明るい星が1星あり、他の星々よりも明るい。この星をアルクトゥルスという。
>
> アラトス『ファイノメナ』91-96行

　エラトステネスの作品では、うしかい座を熊の番人、カリストの息子アルカスに当て嵌めています。アルカディア地方のゼウス・リュカイオスの神域を舞台に物語が始まります。しかもアルカスがいきなり八つ裂きにされてしまい、違和感を覚えます。

　リュカイオス山はアルカディア地方の南西部にあります。西にはバッサイのアポロン神殿があります。私が星座の写真を撮影しに行く時は、決まってバッサイ近くの空き地で撮影をしていました。いつもの撮影地から見える東の山がリュカイオス山だったのですが、一度もこの山を意識しない内に私のギリシャ滞在は終わっていました。リュカイオスの行動を考えますと、この地域では古代的な人身御供の儀式の存在が隠されていることになります。

✦ディオニュソス神の北上について

　うしかい座となったイカリオスの星座物語には、ディオニュソスの北上という興味深い事柄が関係しています。

　ベントリスによる第二線文字（線文字B）解読によって、ディオニュソス神はクレタ島のミノア文明と深く関わっていることがわかりました。クレタ島に住んでいたミノア（当時の名前ではケフティウ）人と、ギリシャ本土に住んでいたミュケーナイ人とは生活の違う人々でした。ミノア人は母権制社会であり東方文化の影響を濃く残していましたが、一方のミュケーナイ人は父権制社会であり、天候神ゼウスを最高神とする印欧語族でした。両者にはそれぞれの神々がいて、その神話体系も別物でした。そして、ミュケーナイ人の勝利によって、彼らの神話は大きく塗り替えられてしまいます。その結果、北国育ちの

ナポリ考古学博物館にあるローマ時代のディオニュソス像。

はずの天候神ゼウスがクレタ島で幼児期を過ごすことになりました。時に紀元前15世紀のことです。

　イカリオスの星座物語には、ワインとディオニュソス神という新しい文化が入ってきたことを示しているとも言えます。

　クレタ島ではミノア文明期にはワインを生産していました。1990年代中頃までは、クノッソス遺跡の南方に位置するバシペトロ遺跡（BC16世紀）でワインを製造した跡を見学できました。残念ながら現在では見学ができなくなってしまいました。

　ミノア文明と関係の深い自然神ディオニュソスは奇妙なルートでエーゲ海のドデカニサ諸島を北上していきます。ディオニュソスは、イカリア島、ナクソス島、サモス島などワ

クレタ島に由来を持つディオニュソス神は後からオリンポス12神入りする。

Bootes

インで有名なエーゲ海の島々を巻き込んで北上します。これはミノア文明による海上貿易ルートを思い起こさせます。

　この流れの中で、ディオニュソスはギリシャ本土のアテネに近いマラトン付近に上陸を果たしました。というのも、スニオン岬の南東にケア島という島があり、ここにはミノア文明遺跡が残されているのです。ディオニソスは、このケア島を中継してマラトン周辺に上陸した後、すなわち古代のオイカリア村（現代名ディオニソス村）に到着したことになります。それを裏付けるようにミュケーナイ時代の遺跡がマラトン平野には残されています。この神とワインの到着によって、まずこの神の効能を知ったのが、うしかい座となったイカリオスということになります。このように、多くの場合神話物語には何らかの歴史的な事実が介在しているのです。それを読むのが神話の楽しみであり、醍醐味だといえるでしょう。

　ディオニュソスの出現した土地はワインの銘醸地となりました。オイカリアに到着した神は、その後は北西へ、つまりキタイロン山南方のエレウテライに向かいます。この地では「黒い山羊のディオニュソス」として祭られることになりました。そして神は北上し、ボイオティア地方のテーベ（テーバイ）を訪れます。そしてこの地で有名なギリシャ悲劇が多く生まれました。テーベ王ペンテウスとその母アガウエにまつわる悲劇「ディオニュソスの信女」もこの流れの中にあります。

広大なボイオティア平原。濃厚なタマネギや豆、じゃがいも等を産する。

✦うしかい座の持つ二重性について

　うしかい座には1等星の「アルクトゥルス」が輝いています。名前の意味から「熊」に関係し、また「熊番」としての意味があります。つまり北斗七星を持つおおぐま座よりも南にある為、熊星座を囲むようにしてアルクトゥルス星は輝き続けているということになります。ですからエラトステネスの『カタステリスミ』では、うしかい座を熊番（アルカス）として説明しています。

　一方、うしかい座としての名称「ボオーテス」には、「牛追い」とか「牛飼い」の意味があります。その名前から、今度は「牛」に関係してきます。うしかい座の星座絵に注目してみますと、牛飼いが伸ばした左手のすぐ近くには、大熊の尾端星が輝いていることに気がつきます。メソポタミアの記憶では北斗七星は荷車でした。従って牛飼いが手にしているのは熊の尻尾ではなく、荷車なのです。更にエジプトでは北斗七星を「牛の腿」または「牛」と呼び、オシリス神を八つ裂きにしたセト神を表しています。

　熊と牛は共に大型野生動物ですが、この二重性は何故起こるのでしょうか？

　私は星座はその時代の文化風習に根付いていると考えます。うしかい座は1等星アルクトゥルスを従えた非常に目立つ星座で、春の夜空に燦然と輝いています。誰もが注目する星であり、星座です。つまり所変われば呼び名も変わるということで、決してひとつに括ることができなかっただけなのです。農耕が可能な地域では牛の星座として語られ、森のある山がちな地方では熊と関連して語られたというわけです。ですからギリシャではブドウ栽培と結びついたことになります。その後の経済活動や人々の交流、そして非常な運命などによって、後の時代にいくつもの形として知ることになったのでしょう。ギリシャに流れ着いた星座たちの中に複数の名称を持っている星座が含まれているのはこういう理由です。

オイカリア遺跡にある座席跡。

オイカリア遺跡は現在ディオニソス村にある。

春の星座◇うしかい座―――イカリオスのワインとディオニュソス神の北上

ボイオティア平原に降る星々。写真左にはアルクトゥルス星が沈もうとしている。

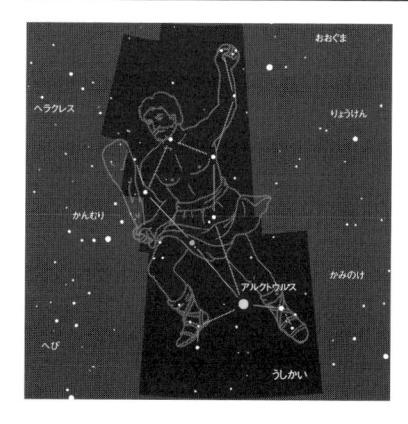

うしかい座の星座絵図。

Corona

かんむり座
アリアドネの花冠―プロトマイア祭

✦ アリアドネ

　春の夜空に天高く、小さなかんむり座が輝いています。この星座はクレタ島のミノス王の娘アリアドネがディオニュソス神からもらった花冠を表しています。
　アリアドネの名前は「とりわけて潔らかに聖い娘」という意味で、既に人間離れしている名前です。彼女の正体に触れようとすると、とても深遠な世界に入ることになります。アリアドネには計り知れない秘儀や密議に直結した暗黒面がかい間見えます。
　というのもローマ時代では、かんむり座の主人公であるアリアドネの位置付けが密議的なものへと変化したからです。名高い事件もクラディウス帝時代（41年―54年）に起きました。

> 最初の妃メッサリーナは、自らを「新アリアドネ」と称して、木蔦の冠をかぶったバッコスを装う情人シリウスとの結婚を祝ったことを密告された。髪を振り乱し、頭をのけ反

クレタ島のゴニア村で手に入れた花冠。

若々しいディオニュソス像。

春の星座◇かんむり座———アリアドネの花冠—プロトマイア祭

　らせて、テュルソスを振り、他のバッコス達とともにマイナスとなっていた。
　　　　　　　　　　　　　　　　　　　　　　　　　タキトゥス『年代記』

　ヘレニズム時代以後、アリアドネの夫ディオニュソス神は地位（神格）が高まります。これは、ヘシオドスが『仕事と日々』で著した5時代の「金の時代」への回復を期待するものであり、ゼウスに代わり次の覇権を担うのは、死して甦る神ディオニュソスでした。これを新ディオニュソス思想といいます。ローマ帝政期はローマ型ギリシャ文化の最盛期であり、最も星座物語が流行した時代でもありました。
　ところでギリシャ語で冠を意味する言葉は「Στέφανος（ステファノス）」となります。この言葉は花冠を指すのが古代の通例なのですが、元々の意味は「円形のもの」を表しています。金属製の王冠という威厳に溢れたイメージではなく、もっとささやかなものでした。現代ギリシャ語でも「ステファノス（花輪、花冠）」と発音し、「ステファニ」として女性の名前にもよくつけられています。
　星座物語にはかんむり座には「葡萄の木蔦で編まれ、宝石が散りばめてあった」と伝わっています。かんむり座は半円形に星の列が続きます。それは星という夜空の宝石を順に目で辿ることになります。物語にはさり気なく「葡萄の木蔦で編まれ」とありますが、これはアリアドネと後に結ばれるディオニュソス神が酒の神であるからに他なりません。古代人たちの思考は常に寓意的なのです。
　ナクソス島で出会ったディオニュソス神とアリアドネがその後どうなったのかについては、様々な言い伝えがあります。

・そのまま神々の寓居に昇った。
・レムノス島に移り住み、その後島の王となるトアスを産んだ。その娘がヒュプシプレ（P.15）です。
・キプロス島で産褥の為に死亡し、この島でアリアドネ・アフロディーテ女神となった。
・ナクソス島に残り島のディオニュソスの祭司オイナロスと結ばれた。
・クレタ島に戻り、アテネ王テセウスの攻撃を受けてミノス王の後を継いだ息子デウカリオンが戦死した時、クレタ島の代表者としてテセウスと和睦した。

　このように、かなり地方色が豊かであることも興味深い所です。

　〈かんむり座〉
　人々はこの冠をアリアドネの冠と呼んでいる。ディオニュソスは彼女との結婚をディア（ナクソス）と呼ばれる島で神々が執り行った時にこの冠を星座にしたという。先ず新妻は季節の女神たちやアフロディーテ女神に取り囲まれたという。
　ヘファイストス神の匠の技によって輝く黄金とインド産の宝石がこの冠に施されていた。テセウスはこの冠の輝きによって、迷宮を脱出することができたと指摘している。この冠は獅子の尾の先に現れるように固定された。
　冠座を成す星は9星が半円状に連なっている。そして別の明るい3星が、りゅう座の頭からおおぐま座の間にかけての星域にある。
　　　　　　　　　　　　　　　　　　　　　　エラトステネス『カタステリスミ』

豹に乗るディオニュソス神のモザイク画。

ディオニュソス神到来を思わせる壺絵（BC7世紀）

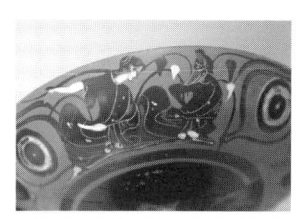

ディオニュソス神の人気は高く、壺絵、皿絵、彫刻などに様々な年代のディオニュソス神が描かれている。

Corona ——— 49

ここにも冠がある。栄光あるディオニュソス神がこの世のものでなくなったアリアドネに対してその記念としてひざまずく者と竜のとぐろの背中近くに置いた。

アラトス『ファイノメナ』71-73行

東や西の水平線に沈む星々は、決して弱々しいものではない。かに座が昇るとき、ある星座は西に沈んでいき、またある星座が東から昇ってくる。かんむり座が沈むとみなみのうお座の背中が見えてくる。冠が半分沈みかけている時、半分は既に西の縁に沈んでいる。

アラトス『ファイノメナ』569-574行

「あなたはいかに慈悲深いかを示してくれた。あなたの山猫がアリアドネを星の輝く空へと連れて行った時に」

プロペルティウス(BC1世紀のローマ詩人)詩集3巻17

紀元前5世紀のミノタウロス像。

✦「アリアドネの糸」について

エラトステネスの星座物語『カタステリスミ』は、現在通用している星座物語とは趣が異なる内容が数多く残されているという点で、当時の人々の考えを知る上で大変貴重な資料となっています。ここではアリアドネの糸ならぬ、冠の宝石の明るさを利用してテセウスは迷宮を脱出したというやや突飛な内容となっています。面白いことにアリアドネとテセウスの話には、伝説の名工ダイダロスが関係しています。

テセウスがミノタウロス退治後、如何に迷宮から脱出するか、という問題に解決策をアリアドネに教えたのが、この迷宮を造ったダイダロスでした。それは、アリアドネがテセウスに手渡した蹴鞠のような糸を予め張り巡らしておくという「くもの糸」のようなものでした。

古代には様々な鋳造貨幣があり、各々の都市国家には独特のデザインが施されていて、そのデザインと頭文字をみればどこの都市の貨幣かわかるようになっていました。迷宮で名高いクノッソス市の場合、星と迷宮をあしらったデザインとなり「KN」とクノッソス市の頭文字が記されています。迷宮を意味したパターンは、四角のものや丸いパターンもあります。この中には一部を摘んで回転させると迷路が解ける「アリアドネの糸」タイプの図柄まであります。

テセウスによるミノタウロス退治は名場面の一つなので数多く存在する。

✦プロトマイア祭について

かんむり座の星座物語に関係する古くからの行事が、現代ギリシャに残されていました。この行事に気がついた時、私は言い様のない感動を覚えました。

「プロトマイア(プロト・マユとも言う)」は、言葉通りには5月1日を意味しますが、その行事の内容から察すると「花祭り」と言ってもよいかと思います。

この日、都市では日本とは違って実力行使型メーデーが行われています。狙われるのは某超大国に関係する企業です。日本ならば直ぐに器物損壊として逮捕されてしまうのですが、お国が違えば対応も違っています。人々の不満へのガス抜きができる国を私は羨ましく感じます。さてメーデーに加わらない穏健派のギリシャ人たちは、郊外へ出掛けてのんびりとピクニックをしています。この時期の郊外は緑で溢れ、花が咲き乱れています。抜群の青空の下、清々しい空気に包まれ、素晴らしい太陽の光が降り注いでいます。

クレタ島に残る迷宮で名高いクノッソス宮殿。

星と迷宮で表現されるクノッソス市のコイン。

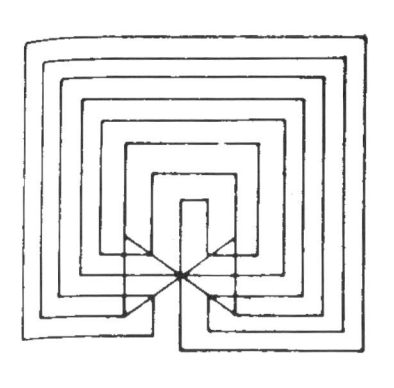

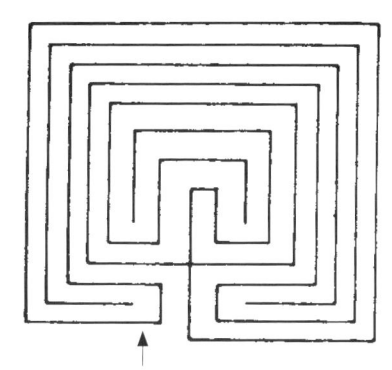

春の星座◇かんむり座―――アリアドネの花冠―プロトマイア祭

「アリアドネの糸」タイプの迷路（迷宮、クノッソス、両頭斧）。図の左下をつまんで引っ張ると、回転しながら解けてしまう。

ここを摘むと解ける

　そしてピクニックに出掛けたギリシャ人たちは、この日は必ず花冠を作ります。そして帰宅するとき、車のドアミラーやメルセデスのトリプレットマークに花冠をかけたりして、自分たちが如何に楽しんできたかを表現しています。ドアや壁に掛けておくと、乾燥したギリシャでは自然にドライフラワーになります。

　この日、クレタ島のゴニア村で遅い朝食を食べた時、レストランのテーブルには山のように花が集められていて、レストランを切り盛りする店の奥さんや娘たちがせっせと花冠を作っていました。彼女たちにこの花冠をどうしても欲しいと伝えると、「アラ、日本人な

ナクソス島のアポロン神殿。遠くナクソスタウンが見える。

Corona

ディオニュソス神がアリアドネに贈った花冠として星座物語では説明され、インド産の宝石がちりばめられていたとある。かんむり座を成す星として、エラトステネスは9星、ヒギヌスは5星、プトレマイオスは8星を数えている。

春の星座◇かんむり座―――アリアドネの花冠―プロトマイア祭

のに今日が何の日かわかっているのねえ!」と気前よく私にくれました。この時頂いた花冠は、長く私のアテネの部屋に飾られました。
　このプロトマイアの行事はギリシャ全土で行われています。その中心はナクソス島で、ディオニュソス神が関係しているということです。この島はキクラデス諸島の中央に位置し、夏場は観光客で溢れ返るミコノス島の南にあります。島にはデメテル女神の遺跡もあるのですが、この花祭りが大地母神であるデメテル女神と関係している訳ではありません。これは非常に興味深い点です。共に自然界の再生を意味し、ディオニュソス神には山野の精として位置があり、遡れば明らかにクレタ島の植物神まで辿り着きます。デメテル女神は豊饒を司る大地母神ですので、どちらの神も自然神として重複する事柄です。花冠を作って飾るという行為はディオニュソス神のモノだ、という意識が先行するのでしょう。
　ナクソス島とディオニュシスと花冠が結びつくのですから、ギリシャ神話が関係しているとしか考えられません。この風習はテセウスがミノタウロスを退治し、アリアドネ(ダイダロス)の知恵のおかげで迷宮から脱出できた有名な神話を思い起こさせます。アリアドネは、岩多きナクソス島でテセウスに置き去りにされますが、取り残されて嘆き悲しんでいた彼女をディオニュソス神が引き取って、葡萄の木蔦で編んだ特別な花冠を彼女に与えてもてなすのです。ふたりは島の港に近い小島で結婚式を挙げたとも伝わっていますし、この場面に適合する遺跡も実際に存在します。このようにプロトマイアの花祭りの起源を辿れば辿るほど、通常話されるかんむり座の星座物語との関連を痛感することになります。
　現代ギリシャではギリシャ正教に関する祝祭日ばかりなのですが、このように古代ギリシャから引き継がれてきたものに接すると、何とも嬉しくなってしまいます。
　そしてこの日の深夜、天高くかんむり座が輝いているのです。

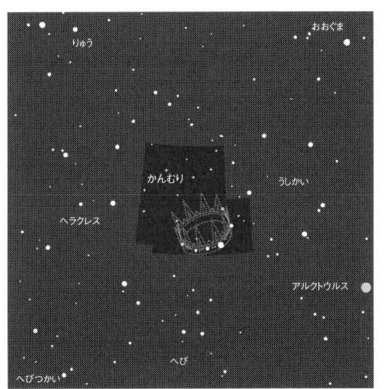

かんむり座の星座絵図。

Centaurus

ケンタウロス座
ケンタウロス族の森―ポロエ

✤ケンタウロス族

　ケンタウロスは半人半馬の神話上の生物です。ケンタウロスはギリシャ神話上の系譜としては、父がイクシオンであり、母は（ヘラ女神の姿をした）雲でした。忘恩のイクシオンは冥界の底タンタロスで燃える木の車に縛りつけられて永劫の責苦を受けます。このような父を持つケンタウロスは荒々しく、神々を蔑んで礼儀を弁えない性格を持っています。しかし、ケンタウロス族の中でポロスとケイローンの2人はそれぞれ別の父と母を持ち、性格も温厚でした。

　ケンタウロス族は元々ギリシャ中北部のペリオン山周辺に生息していたといわれていますが、それ以前のことはわかっていません。テセウスの親友で北部テッサリアのラピテス族の長ペイトリオスとヒッポダメイアが結婚した時、ケンタウロス族も祝宴に招かれました。宴が進む内にケンタウロス族は酒に酔って暴れ出します。しかもヒッポダメイアをさらっていこうとしたので、ラピテス族とケンタウロス族との間で戦闘が始まり、テセウスが加わるラピテス族側の勝利に終わりました。結局、ケンタウロス族はペリオン山周辺から追い出され、ペロポネソス半島に逃れていきました。唯一人の有徳のケンタウロスであり、英雄たちの師匠であったケイローンも、ペリオン山の洞窟から追われてペロポネソス半島へと移動していきました。アラトスはこの星座をケンタウロス座と呼び、エラトステネスとヒュギノスは、ある理由からケンタウロス族のケイローンとしました。一方、現代の星座では、ケンタウロス座ではなく、いて座をケイローンの姿に当てはめています。

　ケンタウロス座は春の南の空低く輝いています。日本からの眺めでは目立つ星はあまりありません。古代ギリシャ人たちが目にすることができた明るいケンタウロス座α星とβ星、そして南十字などの豪華な星空は、ギリシャや日本の本州からはもう見えません。2000年以上経過したため、歳差運動によって位置が変わってしまったのです。

　これらの明るい星々についてプトレマイオス・クラディオス（AD2世紀）の有名な著作「天文学大全」の恒星カタログではどのように書かれているか確かめてみると、α星が「右の前足の端の星」、β星が「左足の膝の星」と記述されていました。また有名なオメガ星団に相当する星を探してみると、プトレマイオスの著作には「背の初めの星」と記述されています。更にみなみじゅうじ座はケンタウロスの足の一部であったことがわかります。

アテネのパルテノン神殿のメトープに彫られたケンタウロス族とラピタイ族との戦闘場面。

春の星座◇ケンタウロス座―――ケンタウロス族の森―ボロエ

紀元前300年頃ではアテネからでもケンタウロス座の全景が見えた。現在は歳差運動のため、このように見えない。

〈ケンタウロス座〉
この星座はペリオン山中に住み、正義感と全ての人間に親切であり、またアスクレピオスやアキレウスを教育したケイローンだと思われる。人の言うところではヘラクレスもまた彼の洞窟を訪れてパーン神の価値を尋ねたようだ。ヘラクレスはケンタウロス族の中ではケイローンだけは殺そうとしなかった。が、そうでないとアンティステネスが著した「ヘラクレス」には書かれている。長い会話の末、ヘラクレスの矢筒から毒矢がケイローンの足に落ちた時、ケイローンの死は決まった。ケイローンはその敬虔さと不運をゼウス神に認められ、星座となる機会を得た。またケイローンはまさに犠牲にされようとされる野獣を祭壇の近くで手に持っている。さいだん座は敬虔で偉大なる印として夜空に置かれている。
ケンタウロス座には頭の上に暗い星が3星、それぞれの肩に明るい星が1星、左ひじに1星、手先に1星、馬の胸の真ん中に1星、それぞれの前足に1星、背骨に4星、腹に明るい星が2星、尻尾に3星、馬の尻に明るい星が1星、それぞれのひざ裏に1星、後ろ足のひずめに1星、全部で24星。

エラトステネス『カタステリスミ』

ディオニュソス神からワインを受けるヘラクレス。

Centaurus

ケンタウロス座は二つの部分から成っていることに気がつく。
人間の部分はさそり座の下方に横たわり、またもうひとつ、馬の胴と尾はからす座の下に輝いている。
ケンタウロス座は右手を伸ばしてさいだん座の方に向け、彼の手には、昔の人々が野獣（おおかみ）座と呼んだこの星座をケンタウロスはしっかりと握っている。

アラトス『ファイノメナ』436-442行

その頃にはかんむり座が半ば姿を見せ、ヒュドラの尾も見える。更にケンタウロス座はその頭と上半身を留めて輝いている。そしておおかみ座はケンタウロスの右手に握られている。けれどもケンタウロスの前脚に当たる星々はいて座を待ち受けるような格好をしている。

アラトス『ファイノメナ』659-664行

テッサリア地方のペリオン山周辺からケンタウロス族たちはペロポネソス半島に移り住んできた。写真はミュケーナイ周辺。

✦ 典型的なケンタウロス族のネッソス

住処であったペリオン山周辺を追われたケンタウロス族は南下してペロポネソス半島に向かいました。

以下に語る話はその南下の途中の物語のようです。

ケンタウロス族の一人にネッソスがいました。ギリシャ神話最大の英雄であるヘラクレスにケンカを挑むくらいなので、向こう見ずで粗暴な性格だったのでしょう。

ペリオン山中のハニア村で撮影したケンタウロス座。

春の星座◇ケンタウロス座―――ケンタウロス族の森―ボロエ

　妻メガラを失ったヘラクレスは、ケルベロス退治のために冥界に赴いた時、メレアグロスの魂に出会いました。そしてメレアグロスから妹のデイアネイラと結婚してくれと頼まれ、ヘラクレスは彼女と結婚しました。そして様々な難業をこなす間にも4人の子供ができました。

　妻と同行したヘラクレスは、テッサリアのトラキスに向かう途中、エウエーノス川にさしかかりました。河は水嵩が増していてどうにもうまく渡れません。有名なアポロンの弓やヒュドラの毒の壺、矢筒、獅子のマントなど武器の小道具も多かったのでしょう。そこへケンタウロス族のネッソスが現れて、デイアネイラを背に乗せて川を渡してやろう、と申し出ました。ヘラクレスは渡りに船とばかりに妻を預けて一人で川を渡ります。4つ足のネッソスは難なく川を渡りましたが、振り返ってみるとヘラクレスは瀬の辺りでぐずぐずしています。そこでネッソスはデイアネイラを物陰へと連れ去り、けしからぬ振る舞いに及ぼうとしました。デイアネイラの悲鳴を聞き、事態を悟ったヘラクレスは、ヒュドラの毒を塗った矢をとり出し、アポロンの弓を構えて狙いを定め、矢を放ちました。矢は真っすぐにネッソスに命中しました。死を悟ったネッソスは更に邪悪な考えをデイアネイラに吹き込みます。「自分の血を布に浸して取っておきなさい。後日、ヘラクレスが他の女に心を寄せた時、この血で濡らした布を彼の身に着けさせれば、必ず心変わりを止められよう」世の男にとって、「女性の単純な思い込み」ほど厄介かつ迷惑なものはありません。邪悪な者の言葉をいとも簡単に信じることは現代においても破滅へと向かいます。また

ケンタウロス族は古代ギリシャ人たちの想像力を刺激したようで、ミニチュアから彫刻まで多くを見かける。写真はケンタウロス族のネッソスとヘラクレスの戦い

ボロエの森から見たエリュマントス山。ヘラクレスはエリュマントスのイノシシ退治に向かう途中、この森を通過した。

Centaurus ―― 57

他人の人生を狂わせてもヘラヘラと笑っていられる恐ろしい相手の性格に直面した時、正義と立法と真実は無力になります。神話最大の英雄でアポロン神にも匹敵するほどの力を持つヘラクレスも、このような邪悪な濡れ衣（つまりヒュドラの毒に侵されたネッソスの血が染み込まれた布）でもって命を落とすことになります。

✈ ポロエの森

「ポロエの森」と呼ばれる森が実在します。ゴツゴツとした岩肌が目立ち、乾燥しきったペロポネソス半島に、まるで奇跡のように存在する森がありました。周囲約20平方キロくらいでしょうか。まるで日本の森林のような森が広がっています。私はこの森を見て驚きを隠せませんでした。この時は私の中で「ペロポネソス半島＝乾燥した荒れた大地」という固定観念が打ち破られてしまいました。この森はエリュマントス山の南方にあるエリス遺跡を南に抜け、少し東廻りにオリンピア遺跡を目指す途中にあります。エリス遺跡からオリンピア遺跡へと向かう場合、通常は西の幹線道路を移動するのですが、前々から地図を眺めて気になっていた「foloi」と書かれた地名に焦点を合わせて移動しました。

この時は古代ギリシャ語、カサリグサ（中世ギリシャ語）、そして現代ギリシャ語が堪能なT君を連れて移動しました。アテネでの生活に疲れ、神経を癒す為に出かけたようなものでした。ポロエの森に向かう途中、地図上の地名「foloi」が、目指すポロエを意味するのか検討しながらの道中でした。「f」がギリシャ語の「φ」を意味するならば、可能性が高くなります。しかし、ギリシャ語で書かれた村の表示を見る前に、この圧倒的とも言える「森」を見て、二人して「これは間違いない。これが神話に出てくるポロエの森だ！」と叫んでしまいました。叫ぶと同時に「Foloi」の看板が見えました。「φ」は「ポ」とか「フォ」とも読めるので間違いありません。

村に入り、景色を見て写真を撮っていた時、近所の民家から「どこから来た？コーヒーでも飲んでけよ」と声がしました。我々は、すぐにこの民家の主人フロノプロス氏と仲良くなりました。我々が田舎のコクのある野菜や香辛料に驚きながら昼食を頂いていると、フロノプロス氏は自家製のワインを取り出して、「これはポロエの森で造ったワインだからケンタウロスのワインだ！」と自慢しながら我々に振る舞ってくれました。氏のワインはよくこなれていて軽快な味がしました。早朝から強行軍で移動していた我々は、この民家で昼寝をし、夜はたいへんなご馳走をいただいたのでした。ヘラクレスとケンタウロス族との饗宴ような喧嘩は起きず、楽しい夜が更けていきました。この宴の間、私は1時間だけ席を外し、昼間にチェックしておいた場所でケンタウロス座とポロエの森の星景写真を撮影しました。

ポロエの森に入った時、日本の森を思い出した。

フロノプロス爺さんは自作のワインを手に持ち、得意げにレンズを見つめてくれた。

春の星座◇ケンタウロス座―――ケンタウロス族の森―ポロエ

ポロエの森からケンタウロス座の上半身が昇る。アラトスによると普通のケンタウロス族、エラトステネスではケイローンの姿だと特定している。

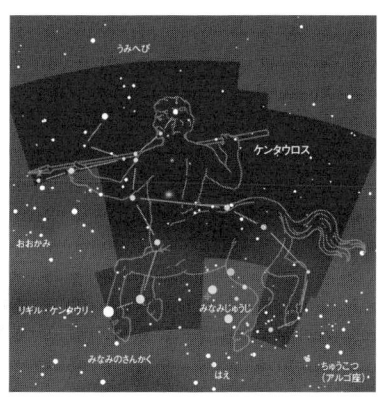

ケンタウロス座の星座絵図。

夏の星座
夜想曲、アポロンの調べ

夏の星座 ◇―――夜想曲、アポロンの調べ

　私にとってギリシャの夏はパラダイスです。
　透明感のある大気と見事な青空が広がっています。そして海底が見える綺麗な海があります。空と海が交じり合う水平線が見事です。食べ物も美味く、女性も美しい。星座物語の舞台となった遺跡が今も残っています。そして毎晩、美しい星空が私を迎えてくれます。
　ギリシャでは5月下旬頃から、大地が乾いてきます。圧倒的な日射が水分を簡単に蒸発させてしまうのです。太陽神ヘリオスの力によって最高気温は常に35度以上、40度を越えることも珍しいことではありません。
　ギリシャを旅していると、耕地に無秩序に木が残されているのに気づきます。伐採する気になれば直ぐに切り倒すことも可能なのになぜわざわざ残してあるのでしょうか。実は、耕地に点在する樹は、暑い時期の農作業で木陰で小休止するための大切な空間なのです。木を伐採してしまうと、強烈な日射から逃げる場所がなくなってしまいます。地中海性気候の国々では、木陰は財産です。木陰に風が吹くだけで、圧倒的な暑さから逃げることが出来るのです。
　或る日、運転席から耕地を見ると、大きな木陰に立て掛けられたギターと水筒を見つけました。農作業とは全く関係ない道具がぽつんと置いてあったので妙に意識に残ったのです。恐らくは日射を通じて光明神としてのアポロン神だけでなく音楽の神でもあるアポロン神の権能が引っ掛かったのでしょう。
　ギリシャで何年も星空を見上げながら美しいバラードを聞いていると、日本にいては感じることの無い、高音域への新しい感覚に目覚めます。透明感に満ちた高音域が脳髄を刺激してくるのです。確かにこれは新たな覚醒のひとつです。そして改めて夏の夜空を見上げてみれば、何かが夜空から聞こえてくるようです。ヘルメス神が発明し、アポロン神の所有を経て、楽人オルフェウスのものとなった七弦琴がこと座として輝いていることに気がつきます。
　夏の夜空はアポロン神に関係した星座たちでひしめいています。りゅう座、ヘラクレス座、いて座、へびつかい座、さそり座、はくちょう座、いるか座、こと座、そしてわし座という具合に多くの星座たちがアポロン神と関係しています。

*7月8月の夜20時から22時頃に見える星座たちを夏の星座としてまとめました。
・てんびん(はさみ)座・さそり座・いて座・へびつかい座・こと座・ヘラクレス座・はくちょう座・わし座

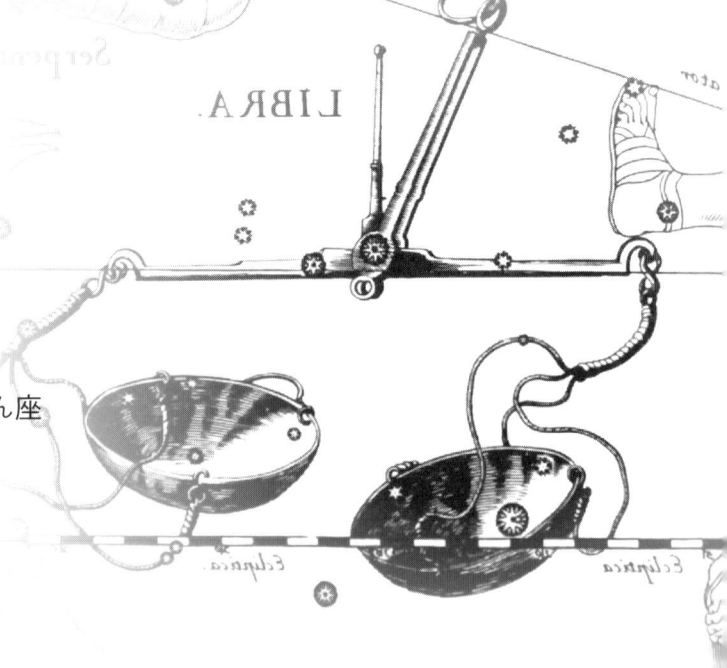

Libra

てんびん(はさみ)座
さそりのはさみ―ギリシャ時代のてんびん座

✦サソリのはさみ

　実は、現在てんびん座として紹介されているこの星域を、古代ギリシャ人たちはさそり座のはさみ(爪)と解釈していました。確かにてんびんの北の皿と南の皿をさそりの爪として表現すると、巨大なさそり座に見えてきます。この形を見ると通常紹介されるさそり座の星座絵では、確かにサソリの爪が貧弱過ぎると言っても過言ではありません。作

ミュケーナイ時代の黄金製の天秤。

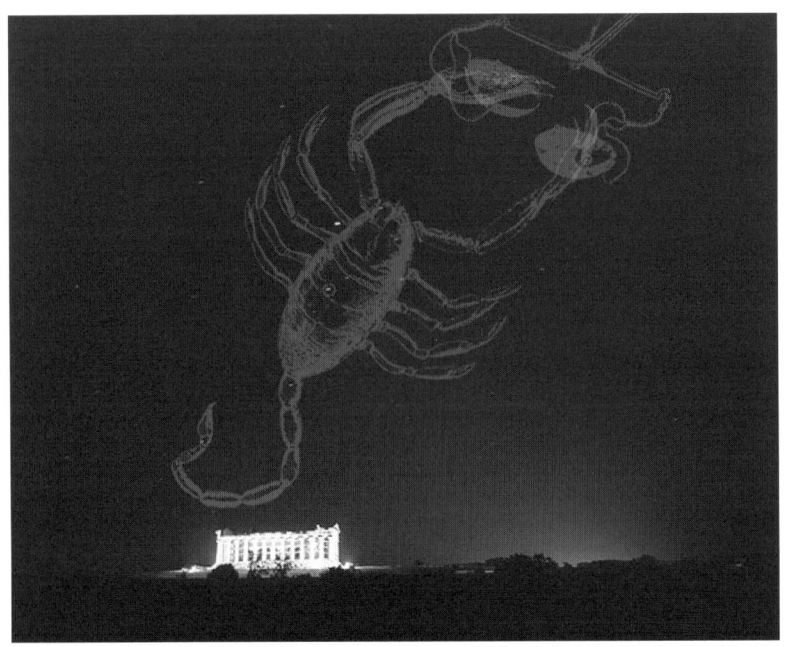

さそり座のはさみをてんびん座に当てはめると、実に堂々とした大さそりの姿が浮かび上がる。

夏の星座◇てんびん(はさみ)座 ────さそりのはさみ─ギリシャ時代のてんびん座

家三島由紀夫が「アポロの杯」で記述した「ギリシャ人は目に見えるものを信じた」という一文は、見事にギリシャ人の性質を言い当てていると思います。本来見えるべき姿に注目すれば、天秤とするよりもサソリの爪と表現する方が相応しいと思います。このようにサソリの爪とされていたために、古典期のギリシャ文明ではてんびん座としての星座物語が無いのです。

てんびん座はエジプトに駐在したカエサルがローマにこの星座をもたらしたと伝わっています。つまりそれまではローマ人たちはギリシャ世界で言われていた「さそりのはさみ座」だと理解していたことになります。

共和制から帝政期のローマ時代(BC1世紀－AD2世紀)に流行する神格に「運命の女神(テューケー)」がいます。この女神は天秤を持っています。似たような神に、古代ギリシャから続いた「正義の女神(ディケー)」がいますが、この女神が天秤を持っていたという記述は見たことがありません。ここで問題となるのはアラトスの天文叙事詩「ファイノメナ」です。アラトスはおとめ座のことをアストライオスの娘なのだろうか?と記述しています。どうやら、これが影響して、いつのまにか正義の女神で天秤を持ったアストラエアという根拠の無い女神が登場してしまったようです。

運命の女神の流行によって、てんびん座として女神が天秤を持った話が出てくるのは、ギリシャ神話ではなく、ヘレニズム時代やローマ時代の産物なのです。

では古代世界ではどのようになっていたのか、探してみることにしましょう。

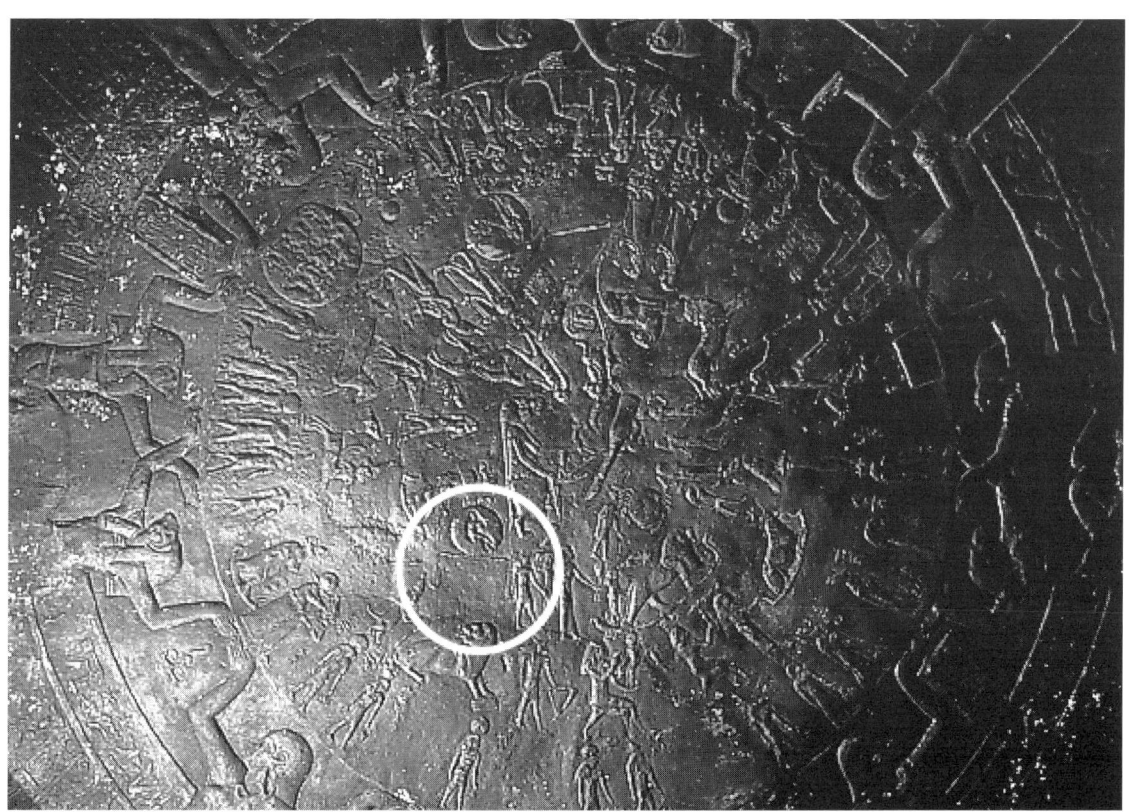

紀元前1世紀のプトレマイオス王朝はデンデラ星図を残してくれた。丸印がてんびん座に当たる。

Libra ──── 63

Libra

BC1450年頃	ボガズキョイ(現トルコ)出土の粘土板では、さそり座は「針とはさみ(ギル・タ-ブ)」
BC687年	ムル・アピンでは天秤座は実在「Anu Mul ZI.BA AN.NA」(シュメール時代に遡る)
	ムル・アピンではさそり座は「ギル・タ-ブ(針とはさみ)」
BC270年頃	アラトスは「サソリのはさみ」(星座物語の流行)
BC240年頃	エラトステネスも「さそりのはさみ」(アレキサンドリア図書館長)
BC146年	ギリシャはローマに併合される(ヒッパルコスが活躍した時代)
BC45年	カエサルのエジプト滞在(内戦)、太陽暦の紹介、てんびん座の紹介(デンデラ星図)
AD1-2世紀	ヒュギノス「天文詩(ラテン語)」では「サソリのはさみ」
AD2世紀	エフェソスのアルテミス女神像の首元に12星座のレリーフに天秤を持つ人物像
	この世紀はローマ型ギリシャ文化の最盛期であり星座物語は大流行(プトレマイオスの活躍)

アンティキティラ島沖で発見された天文計算機の裏側。星の出没が記載されている。

同天文計算機は紀元前82年頃にロードスで制作された。時代的には天文学者ゲミノスの時代になる。

　このように見ると、やはりてんびん座はギリシャ文化圏ではサソリのはさみ座として見られていたようです。紀元前7世紀のムル・アピンに天秤とサソリのはさみが確認できることから、メソポタミア方面でもてんびん座とサソリのはさみ座は、おおぐま座やうしかい座のように、二重星座として複眼でみる必要がありそうです。
　ローマにユリウス暦がもたらされた時、てんびん座も紹介されました。現在ではサソリのはさみ座は殆ど使われなくなり、てんびん座として紹介されています。

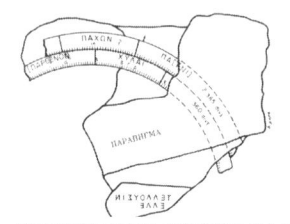

天文計算機の詳細図。XYΛAIがサソリのはさみに当たる。

　　ここにかに座があり、しし座の後から続いている。その後にはおとめ座が、
　　そしてはさみとさそり座がある。次にいて座が、そしてやぎ座が続き、
　　やぎ座の後にはみずがめ座が、そして2匹のうお座が続き、その後に
　　おひつじ座が、そしておうし座続き、最後にふたご座で終わる。
　　　　　　　　　　　　　　　　　　　　　アラトス「ファイノメナ」545-549行

✦5時代の話について
　エラトステネスの作品ではてんびん座をサソリの爪と解釈しています。それ故にてんびん座としての星座物語を語る時、どうしてもヘシオドスやアラトスが表現した5時代の話をしなければなりません。アラトスの原文を辿ってみましょう。

　　スピカを持つおとめ座が輝いている。彼女はアストライオスの娘なのだろうか？それと
　　もある男たちが言うように、星々の最も老いたる父なのか、別の神だったかはっきりし
　　ないが、おとめ座の軌道ははっきりしている。
　　別の人々の話の方が、まだ確実性があるかも知れない。
　　彼女が地上にやってきて、どれだけ古いのか。人間と向かい合い、かつての男や女

夏の星座◇てんびん(はさみ)座 ─── さそりのはさみ─ギリシャ時代のてんびん座

は恥となるような行為は無かったが、時が流れ、不死である彼女もたまにしか現れなくなった。人々は彼女を正義(ディケー)と呼んでいた。彼女は信望を集め、市場に居たり、幅の広い大路で、彼女の声を皆に伝えようとした。彼女と人間が様々な議論をしていたこともあった。この時代は口論も多かったし、戦闘も多かったが、人々は質素な生活をしていた。憎むべき争いのようなものも無かった。また人々はまだ海から生活の糧を生活に取り入れることも無い時代であった。牛や農耕で賄えた時代であり、彼女自身、人々に物事の正しさを与える女王のように、必要なものを豊かにもたらした時代であった。黄金時代と呼ばれた頃は、彼女は地上にいた。

白銀の時代に入っても、彼女はまだ地上にいたが、口を開くことが無くなった。彼女は以前に地上にいた男たちに憧れていた。それでも白銀の時代には、まだ彼女は地上にいたのだった。夕暮れの丘に1人でやってきても、何も言葉を発しなかった。彼女は大勢の男たちに取り囲まれた。彼らなりの方法、つまり脅しや暴力で彼女を取り囲んだ。そこで彼女はこう発言した。「たとえ私を仰いで崇めてくれたとしても、もう男たちの前には姿を現さない。黄金時代の人間の血を引く者たちなのに!あなた方は彼らとはかけ離れ過ぎている。彼らがあなた方のように下劣な人間を産んだなんて!多過ぎる戦いに醜い血を流し、互いに許しがたい災難を投げ掛けた」そう言って、彼女は丘を訪れる人たちに対しても遠くからじっと眺めているだけになった。

彼らが死んだ時は見苦しく、次に生まれてくる子は質の悪い青銅時代の人々となった。この時代になって初めて追い剥ぎの剣を鍛え、初めて牧牛の肉を喰らい、正義はどんどん緩んでいった。以前に居た人々は天上に昇り、住居が与えられたともいう。女神もまた天上に昇り星座となって、地上に姿を現した。それでも遥か遠くのうしかい座を眺めるように輝いているという。

アラトス「ファイノメナ」96-136行

左はネムルート遺跡のテューケー(運命の女神)像は髪の毛にブドウの房を持つ。右はアンカラ考古学博物館所蔵のテューケー小像。

Libra

　ご覧の通り、何処にも天秤は現れません。それが現代では、運命の女神が持つ天秤を持ったアストラエアという星女が現れます。正義の女神はその名の通りディケーであり、正邪を別ける天秤を持った正義の女神アストラエアではないのです。

　また5時代の話を歴史時代に照合させてみますとこうなります。
・金の時代　　クロノスが治めていた時代（BC20世紀以前）原始ギリシャ人南下以前の土着民
・白銀の時代　クレタ島ミノア文明時代（BC30-BC15世紀）母権制社会 ミノス王
・青銅の時代　ミュケーナイ時代（BC18-BC16世紀）ミュケーネ時代形成期
・英雄時代　　ミュケーナイ時代（BC15-BC12世紀）テセウス、アキレウス
・鉄の時代　　アルカイック時代（BC8-BC7世紀）ホメロス、ヘシオドス

✤カエサル時代とてんびん座―てんびん座は昼夜を平分していない

　てんびん座は厄介な星座です。通常は秋分点の星座とされていますが、問題なのはてんびん座が秋分点にある時代は、およそ紀元前1500±800年の時期なのです。カエサルが活躍した紀元前45年では、歳差運動によって秋分点はおとめ座にありました。従って「昼と夜とを平分する秋分星座」では無かったのです。またおひつじ座が春分点星座となるのが紀元前18世紀です。従って黄道星座の成立は紀元前18世紀以降となります。ところがムル・アピンの資料ではシュメール語で「天秤」と表現されています。つまり黄道星座の成立以前から語られているのです。しかもてんびん座がシュメール時代の産物ならば、昼夜を平分しない時期です。誰が昼夜を平分するなどと言ったのでしょうか？

　カエサルとてんびん座は彼の死後も影響を残したようで、彫刻のレリーフにも残されていました。
　トルコのエフェソス考古学博物館には、有名な多乳のアルテミス像があります。このアルテミス像は紀元後2世紀の制作です。この美しいアルテミス像の襟元には、黄道12星座が彫られています。おとめ座とさそり座に挟まれて、ある人物が天秤を持った姿で彫られていました。テューケーのような天秤を持った女神かと思いましたが、どうみても男性像です。どうやらこれが天秤を持つカエサル像のようです。後にカエサル像は消え、天秤だけが残ったというわけです。

カエサル像。彼はローマにてんびん座を紹介したとされる。

再び多乳のアルテミス像の紹介となるが、てんびん座は男性像で天秤を持つ。

古代エジプトで天秤というとアヌビス神が持つ天秤を思い起こす。

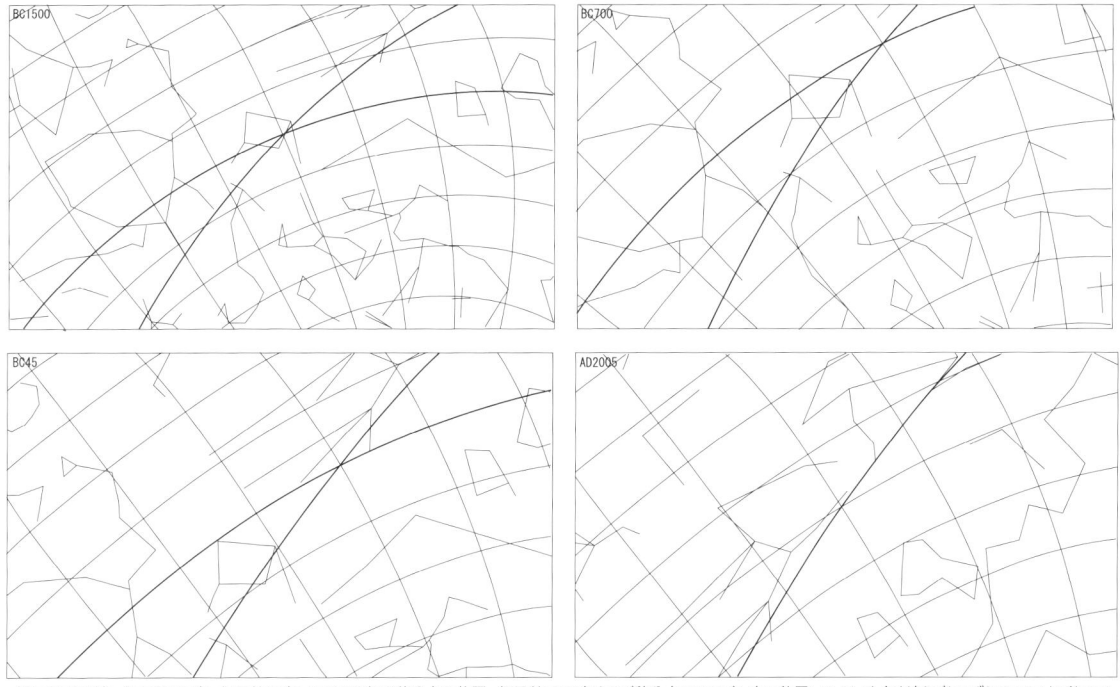

夏の星座◇てんびん（はさみ）座 ──── さそりのはさみ─ギリシャ時代のてんびん座

紀元前1500年、紀元前700年、紀元前45年、AD2005年の秋分点の位置。紀元前1500年ならば秋分点はてんびん座に位置していたが、年を追うごとにずれていることがわかる。カエサル時代ではおとめ座に秋分点は移動している。

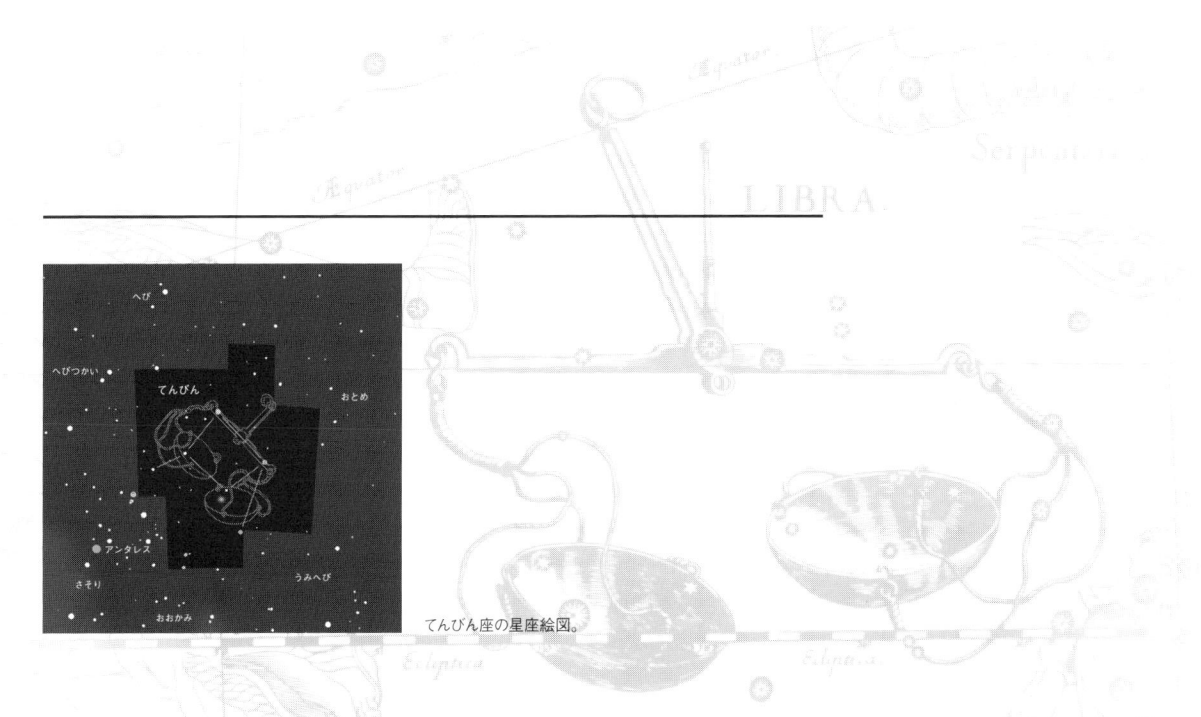

てんびん座の星座絵図。

Libra ──── 67

Scopius

さそり座
英雄に勝利した唯一の化け物

✷「火星に対抗するもの」

　夏の南の空低く、さそり座が輝いています。その多くは明るい星々からなり、夜空にS字型のカーブを描いています。これらの星々の中で、最も目を引く星が赤いアンタレスでしょう。この星の名には「火星に対抗するもの」という意味があります。ものの本ではアカデメイア学派の2代目学頭アリスティッポスの時代に火星をアレスと当てはめたともされていますが、だとすると、アンタレスの名前誕生はプラトンの死後ということになります。本当でしょうか。「ファイノメナ」を著したアラトス以前にも、古代ギリシャ時代に詩的な天体表現をした作者はいます。ヘシオドス（BC8世紀）やテネドスのクレオストラトス（BC6世紀）、シミテス（BC4世紀）、そしてアレクサンドロス・アエトロス（BC4-BC3世紀）らがいますが、文献は消失しています。

　てんびん座を紹介した時、ギリシャ人たちは「さそりのはさみ座」と呼んでいたという話をしました。それによって現在紹介されるさそり座よりもより大きなさそり座の姿を夜空に描くことができます。

> 〈さそりとはさみ（てんびん）座〉
> この星座は大きさ故に2つの獣帯星座からなり、ふたつの部分を持つ。ひとつはさそりのはさみ（てんびん座）であり、もうひとつは胴体と針に当たる。このさそりはキオス島の丘からアルテミス女神によって、オリオンを刺すように遣わされ、彼はこれによって死んだ。というのも彼と猟犬が無秩序に狩りを行ったからだという。ゼウスは星空の輝き渡る星域に彼を置いた。人として生まれた人々に強さと力を思い浮かばせた。この星座には「はさみ」に2星ずつあり、共に始めの星が明るく、次の星は暗い。次にサソリの頭に当たる3星が輝き、背にある3星の中心星は最も明るい。腹に2星が輝き、尾に5星が輝き、尾の内寄りに2星が輝く。北に輝く北のはさみから全域に当たって明るい星々で構成されている。全部で19星。
>
> エラトステネス「カタステリスミ」

　蛇行する川（エリダノス）は、さそりが姿を現す頃には海にまっすぐ

夏の星座◇さそり座 ──── 英雄に勝利した唯一の化け物

ディディマ遺跡にある壮大なアポロン神殿とさそり座。ある話ではアポロン神がオリオンに巨大なさそりを差し向けたという。

落ちて西の水平線に沈んでいく。さそりの出現は、かのオリオンをも
脅えさせるのだ。アルテミス様、我々は貴方を切望します。 ここに
昔の人々が語り伝えた物語があります。その話によると力強い
オリオンは、アルテミス女神のローブに触れた。キオス島で、
あらゆる動物を棍棒でなぐり続けたのはオイノピオン王への奉仕の為。
アルテミスは島にある二つの丘で囲まれたところにやって来て、
オリオンに向けて別の生き物─さそりでさえも彼に差し向け

Scopius ──── 69

Scopius

左からゼウス神、アポロン神、アルテミス女神のレリーフ。

ペラ遺跡のアクロポリスからの眺め。この付近に王宮があり、アラトスはこの地で天文叙事詩「ファイノメナ」を書き上げた。

キオス島の風景。

傷つけさせた。確かにオリオンは強かったけれど、彼は
アルテミス女神を悩ませた為に殺された。この話が元となり、
東の空にサソリが現れるとオリオンは逃げるように
西の縁に隠れてしまう、と人々は語る。

アラトス「ファイノメナ」634-646行

✦さそりが東に現れると

　数ある星座の中で最も目立つ星座はオリオン座でしょう。オリオン座の星座物語では、必ずと言っていいほどさそりが登場します。狩りの名人であるオリオンに勝利するくらいですから、巨大で強力なさそりでしょう。しかも、このサソリは怪物の中では唯一退治されなかった、とということになります。アポロン神が姉アルテミスの純潔を守るためにオリオンに差し向けたとも伝わっていますが、また別の話ではガイアがオリオンが狩猟によって動物を全滅させるのを恐れて、巨大なサソリを放ったとも言われています。

　さそり座の有名なエピソードに「さそり座が東の地平線に現れるとオリオン座は逃げるように西の縁に沈んでいく」というものがあります。

　何時頃からこのように語られるようになったのでしょうか。

　一般に星座物語が流行するのはソクラテスの時代ではなく、アレクサンドロス大王の東征後のヘレニズム時代のことです。勿論このエピソードは、アラトスが著した天文叙事詩「ファイノメナ」にも登場します。この作品が書かれたのは紀元前276-274年頃、場所はマケドニア王国の首都ペラの王宮でのことでした。更に古い時代を探してみますと、紀元前550年頃に活躍した自然哲学者フェレキュデスの断片に同様のことが書かれています。彼はエーゲ海の中央に位置するキクラデス諸島のシロス島出身ということで、イオニア学派に分類されています。一説にはタレースの弟子であり、ピュタゴラスの師であったとされる人物です。

夏の星座◇さそり座 ────英雄に勝利した唯一の化け物

さてこのサソリ座とオリオン座の場面は現代と古代ギリシャ時代（BC400年頃）ではどのように見えたのでしょうか。歳差運動によって見かけの位置が変化しているので、現代とは少し違った位置になるはずです。そこで観測地をアテネに設定し、天文ソフトでシミュレーションしてみました。

まず現代では、4月25日21時40分にオリオン座の三つ星が西の地平線に見えます。この同時刻、南東方向に注目すると、てんびん座が見え、さそり座の頭部の2星が見えますが、まだアンタレスまでは見えていません。どちらの方向でも地平線に非常に近い為、実際に見るのはかなり厳しい条件だと言えるでしょう。

次に紀元前400年3月25日21時46分の西の地平線に注目してみましょう。この時も、オリオン座の三つ星は地平線近くにあります。そして東南東方向にはさそり座の頭部が見え、アンタレスも確認できます。この配置を見ると、確かに「サソリが現れると、オリオンが逃げていく」構図が納得できます。　また逆は成立しません。つまりさそり座が西の地平線に沈んでも、オリオン座はまだ昇ってこないのです。

実は、南の星座がより良く見える状態、つまり緯度が低ければ、このオリオン座とさそり座を両方見ることができます。現在でもオーストラリアなどの南半球へ行くと、オリオン座の全景とさそり座の全景が同時に地平線の上に楽に見えます。

古代人たちは季節を知る為に星の出没を注意深く観察していました。

アラトスの天文詩「ファイノメナ」では、星座の紹介が終わると惑星や天の川へと説明が続き、更に獣帯や回帰線などが説明されます。そして、その次に紹介されるのが季

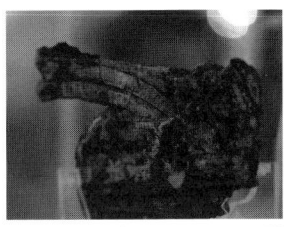

天文計算機の目盛りにはアルファベットで記された印があり、裏面の星の出没記述と関連している。

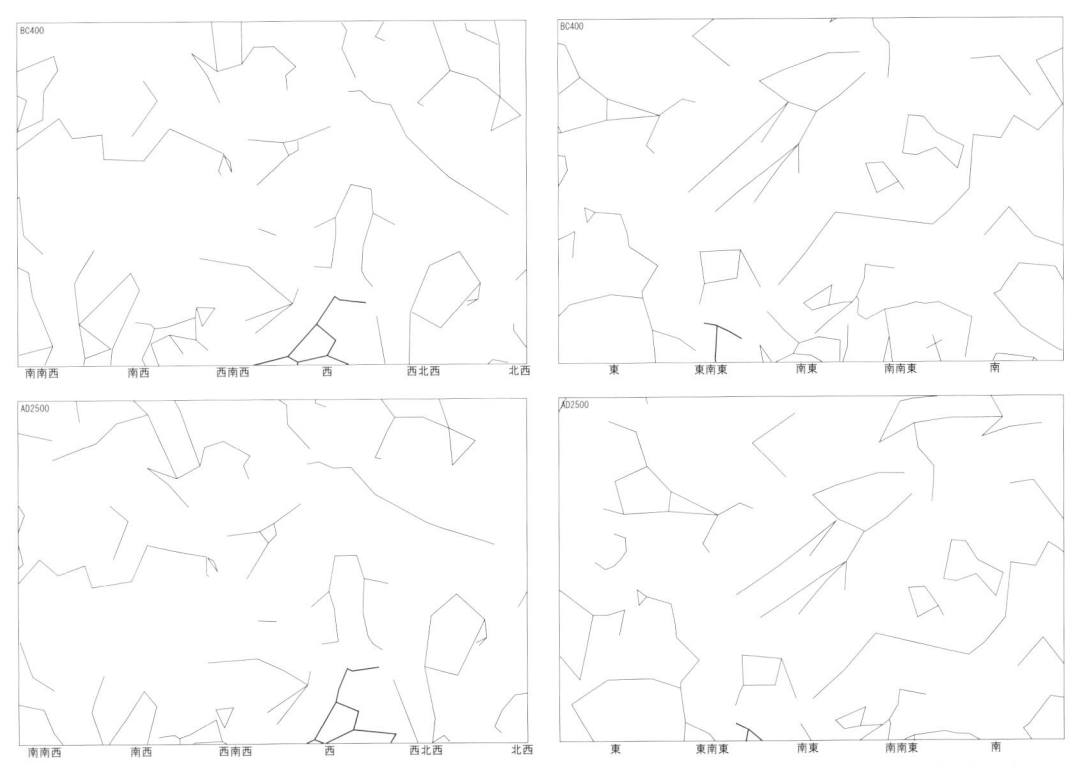

紀元前400年3月25日と紀元後2005年4月25日では、西の地平線に見えるオリオン座と東の地平線から昇るさそり座の見え方に違いが見られる。

Scopius ──── 71

Scopius

節毎の星の出没なのです。この作品の732行ある天文編の内、569行目から終わりまで続いています。ここには星の出現によって水夫たちは季節毎の夜の長さなどを知ることができると記述されています。参考までにアンティキティラ島沖で引き上げられた青銅製の天文時計にも、星の出没を記した印が目盛の上にいくつか見られます。そして天文時計の裏面には、これらの印の説明が記述されています。

このように星の出没について注目していたことはわかりますが、その多くは星座物語とは関係ない星の出没でした。オリオン座とさそり座は何よりも目立つ星座です。しかも同じ星座物語まで共有しているのですから、多くの人々に覚えやすい光景となったのでしょう。

クレタ島の山頂聖域。奥にミルトス村が見える。サソリはこのような石垣の中にいる。

✦ギリシャのさそり

1988年、私は初めてギリシャを訪れました。定期バスでスニオン岬まで移動して、一晩明かしました。白亜のポセイドン神殿がそびえるこの地はロケーションも星空もとても素晴らしいものでした。

ひとしきり撮影を終え、疲れたので横になりながら、西に傾き始めたさそり座を見て、ギリシャにもサソリがいるのだろうか？と想像しました。そんな時、何かが私の脇を触りました。「まさか？」と思って振り払い（かなり危険ですね）、恐る恐る携帯ライトを向けてみますと、そこには大きなカマキリがいました。サソリではなかったことは幸いでした。ギリシャにもカマキリがいることを改めて知った晩となりました。

その2年後、私はレンタカーを借りて自由にギリシャを移動しました。青い空と青い海の間を駆け巡り、遺跡を見学し、そして夜は美しい星空を撮影する。これは私の理想郷であり、先ずゲーテの「我もまたアルカディアに」という言葉が私の頭に浮かんできました。アテネから進路を西に取り、アルカディア地方のあるペロポネソス半島を目指すことにしました。先ずはこの半島の玄関口に当たるコリントスの周辺を訪れることにしました。

コリントスの対岸にあるヘライオン遺跡へ出掛けた時のことです。星空を数時間撮影した後、疲れたので遺跡の石に腰掛けました。なにげなく、隣にあった不安定な石を揺らしてみると、何かが「カサカサッ」と飛び出してきたのです。私は反射的に立ち上がり、飛び出した方向にライトを向けてみました。何かがいます。今度はカマキリではありませんでした。色は白く体長も7センチほどであり、はさみがありました。ザリガニ？とも思いましたが、それは紛れもなく「さそり」でした。両手のはさみを開き、尾を振り上げて、尾端を私の方に向けた威嚇のポーズを取っていました。生まれて初めて相対する小さなサソリを見て、さてどうするか、私は一瞬迷いました。幸いにも頑丈なトレッキングシューズを履いていたので、ヘラクレスが化け物蟹を踏みつぶした時のように、私も足撃一発で踏みつぶしてしまいました。

それ以来、私は夜の撮影中、むやみに石に腰掛けることはなくなりました。この時のサソリとの遭遇によって、その後何十年も続く私の海外での撮影でも、安全に撮影をこなすことができました。

アテネに戻って「ホワイトスコーピオンに遭遇した」と友人のアンドニウに言ったら、「気をつけろよ。あの白いさそりは非常に危険なんだ」と教えてくれました。けれどもどの程度危険だったのかは、未だに確かめていません。

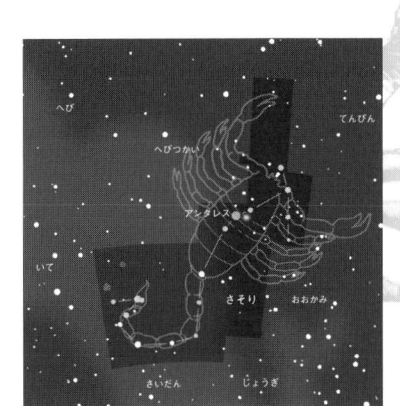

夏の星座◇さそり座 ───── 英雄に勝利した唯一の化け物

ペロポネソス半島のアルカディア地方で撮影したさそり座。

さそり座の星座絵図。

Sagittarius

いて座
いて座は果たしてケイローンか？

✦ケンタウロス族のケイローン

　夏の南空には、見事な天の川の輝きがあります。
　さそりの尾を成す明るい星々の北東側に、北天の北斗七星よりも小振りな南斗六星の姿を見つけることができるでしょう。この南斗六星がいて座の矢を表現しています。いて座が引き絞る弓矢の狙いはさそり座の心臓を表す赤いアンタレスです。いて座はアンタレスに狙いを定めながら、流鏑馬のように夏の南の夜空を駆けていきます。
　いて座の姿は半人半馬のケンタウロス族のケイローンだと言われています。ケンタウロス座で既に述べたように、この種族は粗野で好色なことで有名でした。しかしケンタウロス族の中でもケイローンだけは別格。父をクロノス神に持つことから、ゼウスにとっても異母兄弟に当たります。医術にも長け、周辺の人間たちの病気を治したり、ケガを治療したりしていました。また蘊蓄のある意見や気配りが備わっていたので、ケイローンは人間たちから有徳のケンタウロスとして別格視されていたのです。その名声はギリシャ全土に及び、アキレウス、アスクレピオス、そしてイアソンなどを始めとする数々の英雄たちの師匠となりました。ギリシャ神話では、テッサリア地方にあるペリオン山の洞窟に住み着いたことになっています。ケンタウロスたちは人間のラピテス族との戦いの後、ペロポネソス半島にある山深いポロエの森に移住していきました。この時、ケイローンも彼らに同行してペロポネソス半島へと移っていきました。

ケンタウロス族のケイローン像と幼いアキレウス。

〈いて座〉
　いて座の物語は次のようになっている。多くの人々はこれがケンタウロスであると言う。また別意見として、そうではないという人もいる。つまり4つ足の姿をしていない上、彼の姿は弓を射ようとしているからである。ケンタウロス族は弓を持つことは無い。射手は人間の足と馬の尻尾を持つサチュロスのようだ。これらの理由によって多くの人々の考えでは、いて座がケンタウロスだとはいえない。そして射手の姿は詩神たちの養子であるエウフェメスの優れた息子クロトスだと思われる。彼はヘリコン山の辺

夏の星座◇いて座 ―――― いて座は果たしてケイローンか？

りにいて、彼と詩神たちはこの地域で生活していた。ソシテオスによると、彼は詩神たちによる霊感によって弓矢を発明し、野生動物をしとめて生活の糧にすることができたという。クロトスは詩神たちと一緒に生活していた。詩神たちの音楽をいつも聴いていたので、彼は音によって称賛され、リズムの無い音楽の時は手を叩くことによってそれを表した。他の人々も彼や詩神たちを真似して、彼の良い意思を以て栄光を重ねた。ゼウスにも彼の名声が届き、クロトスは称賛に値する人間であるとされた。このような訳で貢献者として、弓矢を持った姿で星座になったという。彼の偉業は人々の中に残された。アルゴ船の一行は彼を地上でも海上でも目撃するのである。このような訳で、この星座をケンタウロスと記すのは間違いなのだ。

この星座には頭に2星が輝き、弓に2星、その先に2星、右ひじに1星、遠くの手に1星、腹に明るい星が1星、背に2星、尾に1星、前ひざに1星、足に1星、後ろひざに1星が輝き、全部で15星。これらの星座の足の下方に7星が輝いている。これらの星々

大英博物館に所蔵されているパルテノン彫刻の一部。

Sagittarius —— 75

Sagittarius

は一様で射手の背後にあるものの明るくはない。
エラトステネス「カタステリスミ」

だがそのひと月前は嵐の季節だ。
太陽が弓と矢を番えた射手に入ると、
もう夜の星空を当てに漁も航海することも
できず、岸に船を繋いでおくしかないのだ。
明け方の東の空にさそりが現れる時期まで、船を
そうしておくのだ。弓を構えた雄大な射手は
さそりの甲羅を狙っている。少し前方に輝く
さそりは射手よりも先に昇り、射手はその後を
ピタリとつけている。また夜明け、キノスラ(小熊)の頭が
天高く昇った時、オリオンはすっかり沈んでいる。
アラトス「ファイノメナ」300-311行

✦エラトステネスの抵抗

現在では「いて座＝英雄たちの師匠ケイローン」という図式が決定していますが、古代文献を読むと、いて座をケンタウロス族のケイローンとする見方には賛否両論があったようです。但し、両者とも「弓を射る射手」の姿であることは共通していました。

これには原因があります。いて座はメソポタミア系の黄道12星座に含まれるので、その起源はメソポタミアとなります。そこで私たちはいて座の原形と思われる「サソリ男」に出会います。ムル・アピンではいて座に当たる星域は「Pabilsag（サソリの尾）」と読め、メソポタミア神話に登場するサソリ男を示しています。

このサソリ男は上半身は人間の姿で弓矢をつがえていますが、サソリのような尾を持ち、下半身は馬のような姿で、4本足ではなく、2本足で立っています。実は、これが古典ギリシャ文明以前のいて座の姿です。サソリ男のレリーフは、紀元前2000年紀のメソポタミア地方では何処にでも見られます。

2本足のサソリ男がいて座を示していたが故に、ヘレニズム時代のいて座に対する混沌の説明が出来ます。カタステリスミやファイノメナの説明には、いて座の紹介はあってもケンタウロス族のケイローンだとする説明はありません。ケンタウロスは4つ脚であり、弓矢ではなく槍が武器であったことから、知識人たちにはいて座をケンタウロスの姿と見るには抵抗があったことがわかります。アラトスは単に射手（Τόχον）と呼び、エラトステネスに至ってはこれを徹底的に疑い、騒がしくて野卑なサチュロスを持ち出した上、最終的には現在では無名に近いクロトスを持ち出しています。彼は星座の紹介だけでなく、星座絵の紹介として星の位置まで説明しているのですが、この星座をケンタウロス族のケイローンだとは見ていないので、いて座の足の表現が甚だあいまいになりました。

いて座の星々をもう一度眺めてみましょう。

東アジアでは南斗六星とも呼ばれるいて座の矢を成すやや明るい星々の周りにいて座の星々が集まっています。一方、脚を表す星々には2等星がふたつ、前足の左足の星として輝いている以外は、暗くて数も少ないのです。

アラトスやエラトステネスが活躍した時代から4世紀ほど降ってローマ帝政期に入ると、ラテン語で星座物語を書いた2世紀の天文詩人ヒュギノスは、イタリア半島でエラト

夏の星座◇いて座 ────── いて座は果たしてケイローンか？

アンカラ考古学博物館に所蔵されているパビルサグ（サソリ男）像。小アジアではアッカド語が長く使用されていたので、メソポタミア文明の影響が多く感じられる。

ステネスと同じ立場をとっています。

　一方で同じ2世紀にエジプトのアレキサンドリアで活躍したプトレマイオスは少し違っていました。彼が著した『天文学大全』にある恒星カタログには、前足の3星に加え、後ろ脚の星が1星表記されているので4つ脚となります。彼によって確実に半人半馬のケンタウロスの姿を思い浮かべることが可能となります。

　このように現代の我々は、本来の姿とは違う姿のいて座を半人半馬のケンタウロスの姿として思い浮かべ続けていたことになります。おとめ座の南に輝くケンタウロス座は独立した星座として輝いていますが、いて座はいて座であって、例えいて座にケンタウロス族の姿を認めたとしても、ケイローン座とはなりませんでした。紀元後4世紀末以降はキリスト教時代に入り、教会に関係ない学問や行事は衰退を辿りました。それでも星空の記憶はラテン語化やアラビア語化によって現代でも残されることになりました。

　中世では、いて座はケンタウロス族のケイローンとして君臨することになりましたが、どの星座絵を見てもいて座の脚の表現が、他の場所よりも弱く感じられることになりました。プトレマイオスに従うならば、左足の踵や膝に2星の2等星を当て嵌め、手前にはアラトスが記述したみなみのかんむり座が描かれているのが正統派なのですが、いい加減な星座絵もかなり見られることとなりました。また一部のラテン語に忠実な人々によっ

Sagittarius ────── 77

Sagittarius

典型的なケンタウロス族であるネッソスと格闘するヘラクレス。

て、アポバテを被ったクロトス表現した星座絵もイギリスに残されています。現代ではいて座をクロトスと紹介することは殆どありません。ですからエラトステネスやヒュギノスたちのいて座に対する抵抗は、人々には届かなくなっていたのです。

✦マレア岬でのケイローンの死

　半人半馬のケイローンを求めて、私は何度もその住み処となった洞穴を探す旅をしました。私がギリシャ滞在初期に注目していたのは、ギリシャ神話に登場する英雄たちの師としての半人半馬のケイローンです。そこで私はボロス市を拠点にペリオン山周辺を巡りましたが、なかなか洞穴が見つからず、成果は全くありませんでした。ペリオン山を含むテッサリア地方には、様々な遺跡が点在しているのですが、その規模はあまり大きくありません。星と遺跡の撮影に適した土地もテッサリア地方にはあまりありませんでした。このような状態であったので、私の意識からペリオン山周辺での洞穴探しが薄れていきました。

　ヘラクレスに課されたエリュマントス山に棲む猪退治の時、この英雄がポロエの森を通過することによって、事態が一変します。医療に秀でたケイローンが、こともあろうにヒュドラの毒でやられてしまったのです。その苦しみのあまり、ケイローンはポロエの森からアルカディア地方を抜けてパルノス山に沿ってマレア岬まで半狂乱のまま移動していったと言われています。そこでケイローンはゼウスに願い出て、自らの不死性をプロメテウスに譲るように頼みました。不死性を彼に移すことによって、ケイローンはようやく死を得て、ヒュドラの毒から開放されました。その命を落とした場所がマレア岬でした。

マレア岬の突端部。この岬でケイローンはプロメテウスに不死性を譲ったと伝わる。

夏の星座◇いて座 ───── いて座は果たしてケイローンか？

有名な南斗六星はいて座の一部であることがわかる。

　そこである年の夏、いつも通りにトリポリからスパルタへやってきて、更に南方のギシオ周辺で撮影をこなし、私はマレア岬といて座を撮影したくなり、ラコニア湾を東に進み、マレア岬を南下する道を探しました。私は長い1本道に閉口したのか、暑さに滅入ってしまったのか、中世の面影を残すモネンバシア（意味的には1本道）で宿泊しました。この地ではマレア岬の景観が南の水平線方向に延びていて、マレア岬といて座を撮影するのにはなかなかよい場所でした。

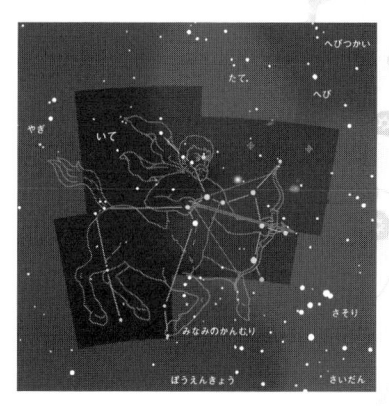

いて座の星座絵図。

Sagittarius ───── 79

Ophiuchus

へびつかい座
両手に蛇、足下にさそり―名医アスクレピオス

✦ 蛇をつかむ人

　現代でもギリシャやトルコを旅すると、町の商店街の看板に「蛇の徽」を目にすることでしょう。店内を覗いてみると、薬屋であることがわかります。日本のように某大手チェーンの屋号やマスコット人形を掲げた看板ではなく、共通の意味がある看板なのです。世

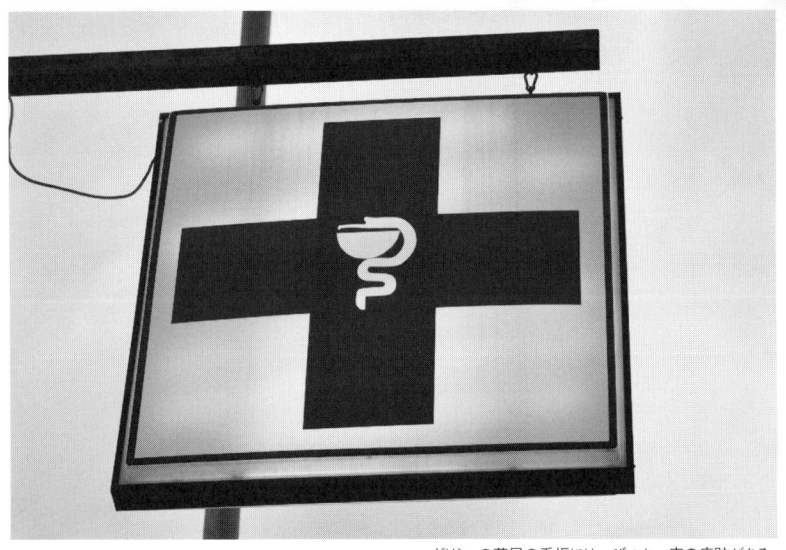

ギリシャの薬局の看板にはへびつかい座の痕跡がある。

夏の星座◇へびつかい座――――両手に蛇、足下にさそり―名医アスクレピオス

界保健機関(WHO)の旗を思い出してください。この旗の中央にある蛇の徽は、へびつかい座が表している名医アスクレピオスに辿り着きます。

このへびつかい座のギリシャ語での意味は「蛇をつかむ人」です。両手に巨大な蛇を持つ姿で夏の南の夜空に姿を留めています。彼が蛇を持っているのは医学と関係している為です。蛇はギルガメシュ叙事詩においても「若返りの草」を蛇が食べてしまい、その蛇が脱皮をして若返ったり、毒蛇を研究して毒薬を生み出したりと、何かしら医学的な寓意表現が含まれています。

へびつかい座はさそり座の北、いて座の西側に大きく輝いています。いて座を示すケイローンがアスクレピオスの師匠であり父親代わりでしたので、隣接する位置関係は絶妙といえるかもしれません。

この星座は天文学者ヒッパルコスによって東西のへび座がへびつかい座から独立しました。これらの星々には明るい星は無く、およそ3等星から4等星の星で構成されています。その星の並びを例えるならば「大きなおにぎり」に似ていると思うのは私だけでしょうか？星座絵としてはアスクレピオスが猛毒を持つさそり座を踏みつけているような格好に見て取れるので、星々は暗くても意外と見つけやすい星座です。

この星座のすぐ上には、逆立ちしながら夜空を駆けるギリシャ神話最大の英雄ヘラクレスの頭部を示す星ラス・アルゲティが迫っていることに気がつきます。彼が苦しんだヒュドラの毒素をアスクレピオスは取り除くことができただろうか？と想像してみるのも面白いでしょう。アスクレピオスとヘラクレスが死んだ地はテッサリア地方でした。星空に隣りあって輝いているのも何かの縁なのでしょう。

〈へびつかい座〉
この星座はさそり座の近くにある。両手に蛇を持つアスクレピオスの姿とされている。

髭を蓄えたアスクレピオス像。

蛇像。ギリシャにはクサリヘビという毒蛇も生息している。

Ophiuchus ―――― 81

Ophiuchus

　ゼウスはアポロンの申し出による彼の星座化に同意した。彼の医術はこのようなものであった。彼は既に死んだ者を生き返らせ、テセウスの子ヒッポリュトスや、神々でも手に負えない痛みも治したという。その名声が神によって、若くして成し遂げた彼の素晴らしい業績が打ち壊されなかったならば。彼はゼウス神の怒りに触れ、雷電を家に落とされて死亡した。そしてアポロンは彼を星座にしてもらった。この星座は広い星座で、明るい星座であるさそり座とは簡単に見分けることができる。
　へびつかい座には頭に輝く星が1星、両肩に1星ずつ、左手に3星、右手に4星があり、股間に1星、両ひざに1星ずつ、そして踝にも1星ずつ、足にも1星ずつある。その右側に輝く星が1星あり、全部で17星。へびの頭に相当する2星〈以下、欠損〉。

エラトステネス著「カタステリスミ」

　ひざまづく者（ヘラクレス）の背中から、冠にほど近いその辺りには
　へびつかい座の頭の星が輝いている。この明るめの星から弱い
　光の星を辿ってへびつかい座を結ぶことができる。
　周囲の星よりは明るい頭の星から暗い肩口の星へと
　星をつづることができるのだ。例えそれが満月の
　明かりの下であろうと。けれどもへびつかい座の
　両手に当たる星々は明るくはない。ほのかな星の光が
　輝いているだけなのだ。勿論、その星々は見ることは
　できる。というのも全く見えないという訳ではないからだ。
　両の手でしっかりと蛇を掴み、へびはへびつかいを
　取り巻くような姿を天空に留めている。へびつかいが
　踏ん張るように両足をふまえたその直ぐ下には、巨大な
　化け物さそりの姿がある。へびつかいはさそりの目と胸の辺りを
　踏みしめているようだ。今、蛇はへびつかいの両手によって
　伸ばされ、どちらかというと右手の方がへびは少なく、
　左手の方に大きく見られ、高く持ち上げられた姿をしている。

アラトス「ファイノメナ」74-87行

✦ギリシャ滞在時の健康について

　私のギリシャ滞在中、いろいろなことがありました。
　ギリシャの初夏や春先は気温差が大きいので、3月や4月、そして11月は季節の変わり目に当たり、風邪をひきやすいのです。例えば5月であっても1度くらいは革ジャン無しではいられないような寒い夜があったりします。私は天体写真を撮るので、気温差には慣れているのですが、油断すると風邪をひいてしまいます。そんな時はカモミールティーに蜂蜜を落として飲んでいました。高熱が出た時は、日本から持参した市販の風邪薬を飲んで治しました。また私が住んだアパートの向かいには診療所があり、風邪をこじらせた時にいつでも逃げ込めばいいと考えていたので、いい加減な風邪の治し方ばかりしていたのでしょう。
　ギリシャを旅していて困るのは、ベッドにダニが潜んでいる場合です。4つ星以上のホテルならばダニは殆どいないのですが、私が訪れるような安ホテルや貸部屋の場合

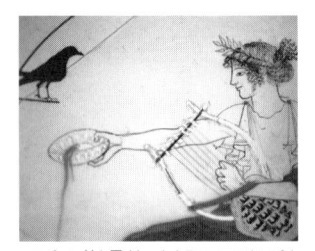

アポロン神と黒くなったカラス。アスクレピオス誕生話に関係する。

レンダス遺跡に残るアスクレピオス神殿跡。

エピダウロス遺跡のアスクレピオス神殿跡。

夏の星座◇へびつかい座―――両手に蛇、足下にさそり―名医アスクレピオス

ペルガモン遺跡に隣接するアスクレピオン遺跡入り口には「蛇」が刻まれたレリーフが目立つように配置されている。

は気をつける必要があります。特にタコ部屋のように窓がひとつしかなく、風通しの悪い北向きの部屋に通される時は要注意です。私の経験では9割近い確率でダニがいます。このような部屋しかない時は別なホテルを探すことにしています。

　ダニにやられた時は、どうしても集中力が落ちます。塗り薬ではあまり効果はありません。しかもダニは規則的な間隔で私の皮膚を移動していきます。そこで私の場合は、タバコの火を患部に近づけてダニを焼き殺しました。流石に効果はてきめんでした。でもこれをやると、後で火傷による水膨れができます。また、山中で山の蚊に刺されると大きく腫れます。痒み止め液を忘れた場合、熱いシャワーや香水、そしてヘアドライヤーで患部を熱くさせて誤魔化しました。少々、無謀な方法です。また夏場の郊外では、ハエのように小さなアブがいます。靴下の上に停まった時は何も痛みを感じないので、普通のハエがたかったと思ってしまうのですが、1時間後、それがたいへんな間違いだったことに気がつきます。患部は大きく腫れ上がり、1週間ほど痒みが続きます。

　ところでギリシャには一人の日本人医師がいます。彼はギリシャの医学部を卒業しました。女性だけでなく男性に対しても人付き合いが良いので非常に人気があります。私とは1990年以来の付き合いになり、私の兄貴格に当たります。ギリシャ語で病名を話すのは難しいので、日本人の医者が居るということだけでも、ギリシャ滞在にどれだけ心強かったかわかりません。私は初秋の頃、寒冷蕁麻疹が再発するので困っていました。するとドクターは「そんなのアンチヒスタミンの錠剤を飲めば大丈夫だよ。悪くなったら看てやるよ」と言ってくれました。当時の私は抗ヒスタミンの錠剤で痒みを散らすことも知らなかったのです。

Ophiuchus ―――― 83

Ophiuchus

✣アスクレピオンについて

　人が生活する上で万人が必要とするのは医者です。幼い子供や老人たちには絶対に必要な存在です。古代では病に苦しむ人を見つけたならば、過去にも同じ例があったかどうか、通行人たちは伝えてやる義務があったといいます。

　アスクレピオスは神話上の英雄ですが、古代ギリシャ時代にはヒポクラテスという高名な医者いました。その文献も邦訳されているので読んでみたのですが、想像以上に建物の方角や風通しなどを気にしていた箇所があるかと思えば、とても現代の医学とは相容れないような事柄も目につきました。それでも医師としての倫理観の高さには頭が下がります。

　ギリシャ世界各地にはアスクレピオンと呼ばれる療養施設があちこちに建設されました。

　例えばコス島は医学の父ヒポクラテスが活躍した町です。古代から有名なアスクレピオス神殿が存在し、医学で有名な都市となっていました。コス島の中心都市コスタウンは遺跡が散在していて、港には考古学博物館もありますが、アスクレピオンはそのもう少し内陸に位置しています。ここでは神殿の柱頭の様式まで蛇が使われていました。また、海を隔てた対岸のクニドスも医療で有名です。クニドスには歴史上最も有名なアフロディーテ女神像がありました。始めはコス島に置かれる予定でしたが、あまりに生々

コス島のアスクレピオン遺跡。柱頭部には多くの蛇頭が見られる。

ペルガモン遺跡のアスクレピオン。今で言えば療養施設といったところ。

84

夏の星座◇へびつかい座―――両手に蛇、足下にさそり―名医アスクレピオス

しいので、コス島よりも性病診療が発達していたクニドスの方に置かれることになったそうです。因みに梅毒のことをギリシャ語ではアフロディシアと呼びます。

　また古代劇の上演で有名なエピダウロスにもアスクレピオス神殿やアスクレピオンの療養施設が建設されました。そこでは独自のアスクレピオスの神話を持っていました。数ある療養施設の中で、ペルガモン（トルコ）のアスクレピオンとエピダウロスの施設の規模は最大級でしょう。テッサリア地方のトリカラにもこの療養施設がありました。クレタ島の南岸にあるレンダス遺跡にもアスクレピオス神殿があります。またアテネ滞在中に高名なソクラテスが獄中で話した最後の言葉「アスクレピオス神殿に雄鳥を・・・」を思い出し、探してみたところ、アクロポリスにあるディオニュソス劇場の西隣にありました。

　アスクレピオンのような療養施設では、基本的には入浴療法、暗示による療法、そして音楽療法などが行われていました。このような施設には必ず蛇のレリーフが刻まれているので一目でわかります。

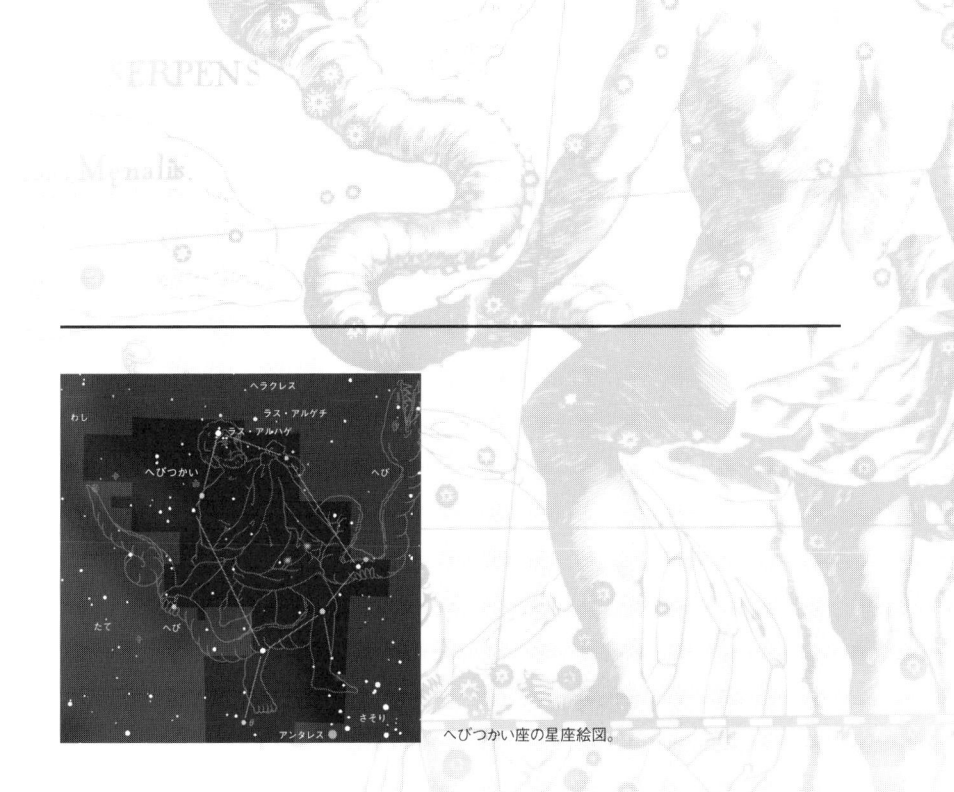

へびつかい座の星座絵図。

Ophiuchus ── 85

Lyra

こと座
ギリシャ時代では妻奪還に成功していた

✈ **翼のある言葉 - 音楽**

　この星座は夏の夜空に涼しげな竪琴の調べを奏でています。夏の天頂に輝く天の川のせせらぎをこと座が演出しているように聞こえてきます。こと座は楽器なので、音楽の神であるアポロン神や楽人オルフェウスと結び付きます。

　大気が乾燥している夏のギリシャでの生活では、私の音感は高音に対して新たな覚醒がありました。ギリシャ人は早くから音に注目した民族です。ピュタゴラスが弦音の研究をしたことは有名ですし、また古代詩の枕詞に「翼のある言葉」とあります。オルフェウスがこの竪琴を奏でると、動物たちも静かになり、アルゴ船に乗船した時は、嵐でさえも彼の音楽によって宥めることができました。ギリシャ人こそ音の力を認めた人々なのです。

　ギリシャ神話などの世界では、様々な竪琴がありますが、星座物語では亀の甲羅をくり貫いて作ったとされています。また、ギリシャの壺絵にも、たくさんの竪琴が描かれています。実際に亀の甲羅でできた竪琴が博物館で展示されていることもあります。ギリシャの地方に行けばどこにでも亀はいます。ギリシャ神話でヘルメス神が誕生したとされるアルカディア地方では、竪琴を作るのに手ごろな大きさの亀が今も山中の道路をのっしのっしと歩いています。

　エラトステネス著「カタステリスミ」では、こと座を9番目の星座として紹介しています。これは詩神の数と同じです。9柱あるムーサ(詩神)は、ゼウスと記憶の女神ムネモシュネとの間に生まれた9人の娘であり、以下のような詩神がいます。

　クレイオ(英雄詩)、ウラニア(天文詩)、メルポメネ(悲劇)、タリア(喜劇)、テルプシコレ(合唱詩)、エラト(恋愛詩)、カリオペ(哀歌)、エウテルペ(吹奏楽)、ポリュムニア(賛歌、舞踏)の9柱となっています。その社地はオリンポス山の東に続くピエリア地方とヘリコン山のふたつが有名ですが、他にもアテネ、デルフィ、テスピアイなどがあり、エジプトのアレキサンドリアにもムーセイオンがありました。

亀の甲羅をくりぬいた竪琴。甲羅のサイズは25cmほどある。

夏の星座◇こと座―――ギリシャ時代では妻奪還に成功していた

エレウシス考古学博物館所蔵のアポロン像。アポロン神が七弦琴を持っている。

　もっとも、エラトステネスにしてもプトレマイオスにしてもこと座の星の数を8星と表しています。詩神の数に合わせて9星数えても良いような気がするのですが…
　この星座にまつわる星座物語はアポロン神やオルフェウスのように音楽に秀でた神や人が関係します。
　こと座となったこの七弦琴は、ヘルメスによって発明され、音楽神アポロンへとその所有が移り、更にアポロンからトラキア地方に住む楽人オルフェウスの手へと渡りました。オルフェウスには、妻エウリュディケが毒蛇に噛まれて死に、冥界へと妻を取り戻しに行く有名な冥界降り(カタバシス)の物語があります。妻以外の女性やディオニュソス神を好まぬオルフェウスは、やがてディオニュソスの信女たちによって八つ裂きにされます。彼の頭部と竪琴はヘブロス河を降って海に出て、神託を発しながら、レズボス島のアンディッサに辿り着いたと伝わっています。漂着後、大蛇に飲まれそうになったところをアポロン神に助けられました。物語ではこの島のアポロン神殿に奉納され、神託に使用されたともアポロンに助けられてからは神託の能力は失ったとも言われています。この竪琴は、後にゼウスまたはアポロンによって星座にされたということです。
　その後レズボス島からは、伝説的な楽人アリオン、バッキリデース、サッフォー、アルカ

レズボス島のアポロン神殿跡。島の中央に位置するクロペジ遺跡で撮影。

Lyra ―― 87

Lyra

イオスなど淙々たる叙情詩人たちを排出し、現代でも芸術家の島と語られています。しかし彼らレスボス島の叙情詩人たちはこと座を歌い上げた叙情詩を書いていないようです。

〈こと座〉
こと座は第9番目の星座。詩神たちの竪琴であった。この竪琴はヘルメス神によって発明され、亀の甲羅とアポロンの牛の筋を使っている。竪琴には7本の弦が張られていた。それはまた7つの惑星たちからのものともアトラスの7人の娘たちからのものとも思われた。アポロン神の所有になって、御神は竪琴と歌を適用し、その後この竪琴を、詩神の一人、カリオペーの息子であるオルフェウスに与えた。彼は9柱の詩神の数に合わせて弦を9本にした。彼の奏でる音楽は、9柱の詩神をも魅了し、植物や動物たちまでも宥めさせたという人々によく知れ渡る話まである。彼は妻の為に冥界まで降りていき、また、(トラキアの地で)オルフェウスだけがディオニュソス神を崇めなかったし、思いもしなかった。彼は大いなる太陽神を常として崇めていた。朝まだ暗いうちにパンガイオン山に登っては、東の方を向いて太陽を見たのであった。アイスキュロスの悲劇作品にあるように、ディオニュソス神は彼に対して怒り、彼の信女

9柱ある詩神の1柱メルポメネ像。悲劇を扱う。

音楽の力で野獣たちをもなだめたオルフェウスのモザイク画。

たちを送った。信女たちはオルフェウスをバラバラに引き裂いた。一方、詩神たちはそれらを集めて、レイベトロス人と呼ばれる人たちに供養してもらった。誰の所有でもなくなった竪琴は、ゼウス神に与えられ、星座となった。彼の地上での業績を記念として天空に置かれた場所は、天空高く輝き渡るところで、見る度に目が洗われるような輝きを以て、夜空にその姿を留めている。
こと座には両角に1星ずつ輝き、両角の終わりに1星ずつ、両腕に1星ずつ、横棒に1星、明るくて白い星が甲羅に1星輝く。全部で8星。

エラトステネス著「カタステリスミ」

あそこに小さな亀が認められる。その亀は
赤ん坊のヘルメスに中身を抜かれ、穴を開け、
弦を張ってできた竪琴が、ヘルメスの揺り籠の
脇に置かれたという。人々はその星座を
琴と呼んだ。その琴はヘルメスによって天上の
星座となり、ひざまづく者の前に置かれた。
片ひざついたひざまづく者の左ひざ、その辺りに
琴はあるが、鳥の頭が向かいにある。

アラトス著「ファイノメナ」268-273行

✤オルフェウスの妻奪還成功話と冥界について

　妻エウリュディケーへの愛故に、振り向いてはいけないという決まりを破って妻奪還に失敗する、というギリシャ神話の星座物語の定番となったのがオルフェウスの物語です。けれども古典文献には、奪還に成功した話もかなり伝えられていました。ヴェルギリウス、オウィディウスの2大ラテン語作家による妻奪還失敗話によって、オルフェウスの冥界降りは失敗に終るという筋書きが一般化していったようですが、後にもルキアノス（AD2世紀）は成功説を、そして博学なギリシャ人作家プルタルコスまでも成功説を暗示しているのです。これはどういったことでしょうか？

〈オルフェウスについて〉
・ホメロス、ヘシオドスにはオルフェウスへの言及がない。
・最古の資料はイビュコス（BC6世紀）の断片「その名も高きオルフェウス」と一行あるのみ。
・ピンダロス（BC5世紀）「ピュティア祝勝歌」第4歌にアルゴ船冒険隊に参加したとある。
・アイスキュロス「アガメムノーン」でオルフェウスの歌の魔力にふれている。
・ヘルメシアナクス「レオンティオン」妻の名前がアグリオペーと伝えている。
・モスコス（BC3世紀）「ビオンへの哀歌」ここで妻の名前がエウリュディケとなる。

〈妻奪還成功派〉
・エウリピデス（BC5世紀）「アルケスティス」冥界から妻奪還に成功の一例。
・ディオドロス・シクルス（BC1世紀）「Bibliotheca Historica」でオルフェウスが妻のエウリュディケを冥府から連れ戻しに成功した、と物語る。
・プルタルコス（1,2世紀）「エローティコス」で奪還成功が暗示。

トラキア地方で重要なパンガイオン山。様々な鉱脈を持っていた。

古代アンディッサの岬。八つ裂きにされたオルフェウスの頭部と竪琴は、このアンディッサに漂着したとされる。

Lyra

竪琴を弾く人々。天空にまで竪琴が描かれている。

・ルキアノス(2世紀)「死者の対話集」で成功説。

〈妻奪還失敗派〉
・プラトン(BC4世紀)「饗宴」で、妻の幻影を見せられたのみで、奪還に失敗。
・ウェルギリウス「農耕詩」奪還失敗。
・オウィディウス「メタモルフォーセス」奪還失敗。
・セネカ(1世紀)「狂えるヘラクレス」の中で、奪還失敗。
・伝アポロドーロス(1,2世紀) 奪還失敗。この時の条件は「家に着くまで、後ろを振り向かない」
・パウサニアス(2世紀)「ギリシア案内記」で失敗説。

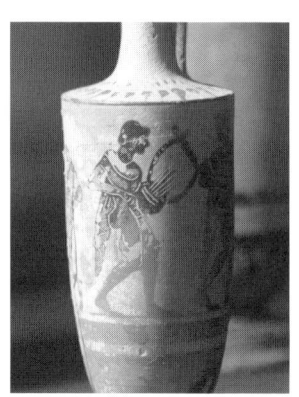

竪琴を持つオルフェウス。

夏の星座◇こと座―――ギリシャ時代では妻奪還に成功していた

　冥界降り成功派と失敗派には大きな差があります。ギリシャ人の間では成功説の方が多く語られていますが、一方、失敗説を取るのはローマ人が多いのです。ギリシャを支配したローマ人たちは、その文化をギリシャに求めました。そして歴史に見られる勝利者による改竄とも取れる内容の変化が発生しました。特にウェルギリウスとオウィディウスの2大ラテン文学詩人の優秀な作品によって物語の内容が変わってしまったことがわかります。このようにギリシャ神話と想われる物語の多くは、実はローマ神話であることが多いのです。

　ところで、古代ギリシャでは「アルケスティス」など冥界に赴いては死者を連れ戻す物語は、複数存在しています。例えばテセウスが冥土で忘却の椅子に座った話があります。ローマ人とでは死生観の違いが表れていると言えるでしょう。

ヘルメスは人の魂を冥界に導く役目も持つ。

　　もしわたしにもオルフェウスの歌と音楽があって、
　　デメテルの娘御か、またはその夫を
　　歌に酔わせて、あなたを冥府から連れ出すことができるのであったなら、
　　直ぐにも地の下に降りてゆくものを。さすればハーデスの番犬も、
　　櫂を握って死者を送るカローンも、
　　わたしがあなたを生きてこの陽の光に満ちた世界に連れ帰るのを、妨げることはできまいに。
　　　　　　　　　　　　　　　　　　　　エウリピデス「アルケスティス」357-362行

　「思い出してください、ハーデス。オルフェウスに対して同じ経緯で、貴方はエウリュディケをお渡しになったし、わたしと同族のアルケスティスについても、ヘラクレスに便宜を与えて送り出してやったのはあなた方ではないですか。」
　　　　　　　　　　　　　　　　　　　　　　　　　　　　　ルキアノス「死者の対話集」

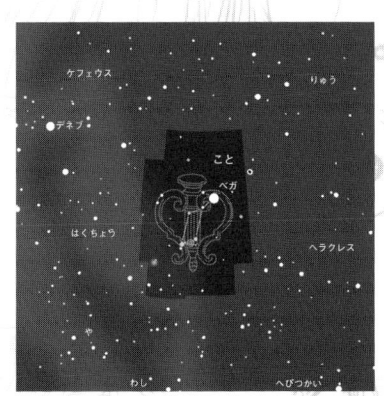

こと座の星座絵図。

Hercules

ヘラクレス座
神話と比べてその輝きは薄く

✦ ひざまづく者 - 古代ギリシャのヘラクレス座

　現代のヘラクレス座は、古代ギリシャ世界では「ひざまづく者」と呼ばれていました。
　ソクラテスが生きていた紀元前五世紀のギリシャ世界では、ヘラクレス座はまだ存在していませんでした。この星座はエラトステネス以後に設定されたようで、アラトスまではヘラクレス座を「ひざまづく者」と呼んでいたのです。この聞きなれぬ名称を聞いてどのように感じるでしょうか。

リビア王アンタイオスと戦うヘラクレス。

夏の星座◇ヘラクレス座 ———— 神話と比べてその輝きは薄く

　ヘラクレス座はこと座とかんむり座の間に位置しています。意外と大きな星座で標準レンズ（50mm）の画角では収まりきれません。また北を上と考えますと、ヘラクレス座は逆立ちしているように見えます。
　アラトスはこの天文詩をマケドニアの王宮（ペラ）で書き上げました。マケドニア王アンティゴノス・ゴナタスとアラトスは、かつて共にアテネの列柱回廊でゼノンの講義を聞いた旧知の仲でした。王は1世紀前に書かれたエウドクソスの天文書「ファイノメナ」をアラトスに渡し、叙事詩の制作を依頼しました。実は、アラトスのファイノメナには天文の知識が欠如していることが作品によってわかる箇所があります。となると、アラトスが独自に創作したとは考えにくく、「ひざまづくもの座」はプラトンの高弟である天文学者エウドクソスの知識を借用したと考えられます。エラトステネスはこの星座をヘラクレスと表現していますので、アラトスが執筆してから約40年ほどの歳月が経過したことになります。
　今度は遡って、古代の星リスト「ムル・アピン」から探してみると、ヘラクレス座南部を「犬」と呼び、他は「ディンギル（神）」という厄介なシュメール語を見いだすことになります。
　初夏から盛夏の宵の星空には、このヘラクレス座が天頂付近に輝いています。この時、彼が退治したしし座やうみへび座などの星座は西の縁に輝いています。ただ星座絵と照らし合わせてみると、ヘラクレスは棍棒を振り上げて逆立ちをしている姿なので、多少の違和感を感じることでしょう。逆立という不安定な状態なので、これではりゅう座の頭を踏みつけているというよりも、この竜によって持ち上げられているようにも見えてしまいます。

ヘラクレス像（アレクサンドリア考古学博物館）。

ヘラクレス像（ナポリ考古学博物館）。

〈ひざまづくもの座〉
この星座は竜を踏みつけているヘラクレスだと言われている。その姿は棍棒を振り上げ、獅子の皮をまとった姿をしている。ヘラクレスが黄金のリンゴを取りに行こうとした時のこと。ヘラ女神はヘラクレスの存在が気にくわなかったので、竜を黄金リンゴの番人として遣わした。ヘラクレスはこの大きな危険をはらむ難しい仕事を成し遂げた。ゼウスはこの戦いを記念として星々の中に見えるようにすることを選んだ。竜は頭を持ち上げ、ヘラクレスは片膝をついて竜の上にいる。そして右手を伸ばして棍棒で打つ時のようにして、左手は獅子の毛皮をまとっている。
この星座には頭に輝く星が1星、右腕に1星、両肩に1星ずつ、左ひじに1星、手先に1星、両脇腹に1星ずつ輝き、より明るい星が左に輝く。右の腿に2星、ひざの曲がりに1星、そしてひざと踵の間に2星、足に1星、右手の上に1星があり、強力な棍棒に当たる。毛皮に4星があり、全部で19星。
エラトステネス著「カタステリスミ」

そこから右手を見るとひざまづく者が天空を行く。
ひざまづく者は重い使命に耐えている男の姿で、その姿は
誰も詳しく知らない。そこにどのように星の線を
読み取るのか。そしてどのような仕事が与えられたのか。

Hercules ———— 93

Hercules

シチリア島アグリジェント遺跡のヘラクレス神殿。

男たちは単に「ひざまづく者」と呼んだ。今、彼は
片膝を着いた姿で、肩から両腕は上にあげて伸びた姿を
している。ちょうど腕をいっぱいに伸ばした大きさだ。
蛇行する竜の頭上には、彼の右足先にがある。

アラトス「ファイノメナ」63-70行

ゼウスの御子なるヘーラクレースを歌おう、
地上に住む人間の中で最も強き者たる彼を。
アルクメーネーが黒雲寄せるクロノスの御子と交わり、
うるわしき歌舞の場もつテーバイで産んだ。
そのかみ彼は果てしなき大地と海とをさまよい
苦難を味わったが、力強く難業に打ち克った。
みずから多くの不敵な行為、たぐいなき所業をなしたが、
今ではオリュンポスのうるわしい御座所に心楽しく住み、
踝うるわしいヘーベーを妻としている。
さらば、貴き君よ、ゼウスの御子よ、
われに武勇と幸福とを与えたまえ。

ホメロスの諸神賛歌「獅子の心もつヘラクレス賛歌」（沓掛良彦訳 ちくま学芸文庫）

夏の星座◇ヘラクレス座 ───── 神話と比べてその輝きは薄く

✦ヘラクレス道路

　テッサリア地方の南境にオイテ山という標高2152メートルの山があります。その姿は実に堂々としています。この山の麓にあるラミアの街からオイテ山を東に抜ける通称「ヘラクレスの道」が残されています。現在ではこの道の東側に高速道路が通っているのですっかり寂れてしまいましたが、古代ではギリシャ本土の北と南を結ぶ主要道で、アレクサンドロスを始めとする多くの歴史上の人物たちが行き来しました。

　私も何度かこの荒れた道を通ってオイテ山を西から臨む村に向かったことがあります。ヒュドラの猛毒に苦しんだ豪勇ヘラクレスは、オイテ山の山頂で生きたまま火葬される死を自ら選びます。業火に包まれたヘラクレスの人間としての肉の部分は焼き尽くされ、そして彼がゼウスから授かった神的な部分は天に昇って神となりました。薪が勢い良く燃えている最中に、黒雲が押し寄せて激しい雷の轟音と共に彼は天上に登っていったと伝わっています。

　ヘラクレスの最後の場面のように、オイテ山頂からヘラクレス座が登るように撮影したかったのですが、なかなか良い撮影地は見つかりませんでした。

　うろうろしていた私を村人が手招きしながらこう言いました。

　「おまえ、アクロポリスラリーなら先週終ったぞ」

　世界ラリー選手権の会場としてギリシャがあったのは知っていましたが、私がうろうろしていた地道がラリーコースだったのでしょうか。村人には「星を見に来ただけだよ」と告げ、なんとかオイテ山とヘラクレス座が交わる地点を見つけることができました。今でもアクロポリスラリーの記事を見かける度にオイテ山中をうろうろしていた自分を思い起こします。

✦ヘラクレスの業績

　ヘラクレスはネメアの獅子皮をマントに羽織り、棍棒を担いだ大男として美術品にも登場しています。神話では人並みはずれた体力を持ち、大飲大食、助平でありながら、性格はあくまでも素直であり、意外に機知に富んでいます。戦闘力は高く、ディオニュソス神は彼には及びません。アポロン神と互角に戦い、ギガントマキアにまで参戦して、オリンポス12神の為に尽くしました。

　青年期では生まれ育ったボイオティア地方での武功が目覚しく、その後アルゴス王エウリュステウスの下で有名な12の功業を行います。

・テーベ周辺での武功
（獅子退治、ミニュアス族に勝利）

・12の功業（12年間）
　　ネメアの獅子退治
　　レルネのヒュドラ退治
　　ケリュネイアの鹿を生け捕りにすること
　　エリュマントスの猪退治
　　アウゲイアス王の厩掃除
　　スティンパロスの森にいる鳥を追い払うこと
　　クレタの雄牛を連れてくること

瓶に入ったアルゴス王エウリュステウス像。ヘラクレスが宮殿に来る度にこの瓶に隠れていたという。

エリュマントス山中でのイノシシ退治に成功したヘラクレス。

Hercules ─── 95

Hercules

ヘラクレスの有名な12の功業を記したモザイク画。

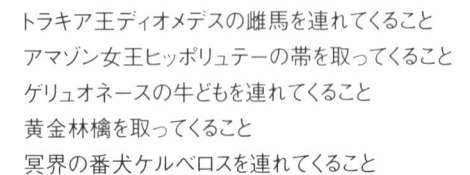

アマゾン族と戦うヘラクレス。

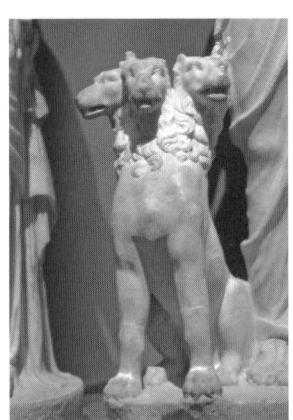

冥界の番犬ケルベロス像。

　トラキア王ディオメデスの雌馬を連れてくること
　アマゾン女王ヒッポリュテーの帯を取ってくること
　ゲリュオネースの牛どもを連れてくること
　黄金林檎を取ってくること
　冥界の番犬ケルベロスを連れてくること
・12の功業の合間やその後に成した副業の数々
（トロイを陥落させる、プロメテウスの肝臓を啄ばむ鷲を射殺す、リビアでのアンタイオス退治、ギガントマキアの参戦）

　数ある神話中の英雄の中で、ヘラクレスこそ最大の英雄だといえます。この英雄を多くの土地の人々は放っておきませんでした。ゼウス神を父に持ち、力は衆人を圧倒的に凌駕する一騎当千の豪傑に対して、古代から彼の子孫だと誇りたがる王や貴族たちが多く、その為、彼は各地を訪れなければならず、地方でも数多くの逸話が生まれています。

　彼のキャラクターはギリシャ文化が拡大したヘレニズム・ローマ時代の流れに沿うものとなりました。広大な世界を駆け巡る疲れを知らぬ大英雄として、ヘラクレスは大いに受け入れらたのです。その痕跡として、例えばモロッコにはアトラス山が聳え、ヘラクレスの洞窟まで存在します。ジブラルタルにはヘラクレスの灯台がありますし、アルゴ船の隊員たちがアフリカのリビアに上陸する直前に、ヘラクレスはリビアを訪れています。またエジプトのアレキサンドリア考古学博物館では彼についての展示が多く、東トルコ

ヘラクレスと河神.tif

夏の星座◇ヘラクレス座 ────神話と比べてその輝きは薄く

ヘラクレスと握手するミトリダテス王（アルサメイア遺跡）。

天空を支えるヘラクレスとヘスペリデスの園のリンゴを手渡すアトラス神。

のアルサメイアでは、ミトリダテス王と握手するヘラクレスのレリーフも存在しています。
　更に彼の死後、神となったヘラクレスがギリシャ悲劇作品（ピロクテテス、タウリケのイフィゲニア）にも登場してきます。ヘラクレスは時代も越えて、多くの現代芸術作品としても現れています。ヨーロッパを旅していると、チラホラとヘラクレスにまつわるモニュメントを見かけます。確かに考えようによっては彼は不死を得て現代でも生き続けているとも言えるのでしょう。

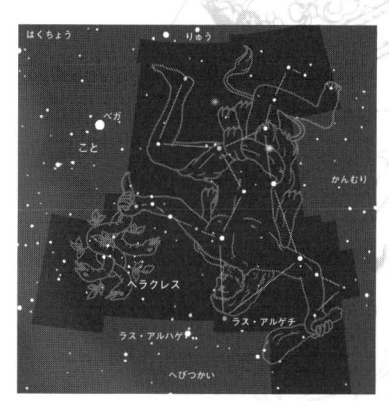

ヘラクレス座の星座絵図。

Hercules ──── 97

Cygnus

はくちょう座
白鳥のくちばしは本当にアルビレオなのか？

✦ アポロンの聖鳥

　ある夏の夜、アクロポリスに隣接したヘロディス・アティクス劇場でオーケストラを率いた小沢征爾がタクトを振りました。演奏した曲のひとつが「アポロン賛歌」でした。その演奏がクライマックスに差し掛かった頃、空高くはくちょう座が輝いていたのを今でも思い出します。実は、白鳥はアポロンの聖鳥であり、アポロンは音楽の神でもあるのです。

　ところで、この星座がはくちょう座となったのは、エラトステネス以後のようです。アラトスの天文詩では、単に「鳥」と表現されています。それ以前のメソポタミアでは、はくちょう座やカシオペア座を含めた巨大な星座―「ひょう(豹)座」と呼ばれていました。この星座がはくちょう座と呼ばれるようになったのは紀元前3世紀後半のことです。

　ギリシャの神々はそれぞれに聖獣や聖鳥を持っていました。ゼウス神ならば鷲、アテナ女神ならば梟であり、アポロン神は白鳥を聖鳥としていました。しかし星座物語では、白鳥に変身するのは、アポロン神ではなくゼウス神です。ゼウスがスパルタの王宮にいた美しいレダを見つけて発情したことから物語は始まります。ゼウスは美しい白鳥に変身してレダに近づくことに成功しました。そこから大きな物語へと発展していきます。

〈はくちょう座〉
この星座は偉大な鳥と呼ばれ、白鳥の姿だと信じられている。ゼウスはネメシスに恋したという。それを知ったネメシスは本来の姿の処女性を守る為に白鳥に姿を変えたという。その時、ゼウスも白鳥の姿に変身した。白鳥に変身したゼウスはアッティカ地方のラムヌスにてネメシスと交わったという。ネメシスは卵を産んだ。クラティノスの研究では、この卵からヘレネが生まれたという。ゼウスは白鳥のままの姿でいて、そのまま天上界に飛び去っていったので、ゼウスは白鳥の姿を星々の中に置いたという。その時以来、空を飛ぶ姿で輝いているという。

白鳥はアポロン神の聖鳥。

レダを載せた白鳥（ゼウス）が
超えたといわれるタイゲトス山

夏の星座◇はくちょう座 ─── 白鳥のくちばしは本当にアルビレオなのか？

はくちょう座には、頭に明るい星が1星、首に明るい星が1星、右の羽に5星、左の羽にも5星、胴体に1星、最も明るい星が尾に1星輝いている。全部で14星。
エラトステネス著「カタステリスミ」

そこには天球を飾る星たちのなかでも、
とりわけ目立ち、輝き渡る鳥が飛んでいる。
鳥は天の川を背に輝いているが、それほど大きい
訳でもなく、かといって暗い訳でもない。
軽やかに羽ばたく鳥のように、晴れた夜空を
西へと滑空してゆく。右の翼はケフェウスの
右手の方へ延び、左の翼は夜空を踊り跳ねる
天馬にまで延びている。

アラトス「ファイノメナ」275-282行

ゼウス神とレダ。ゼウスは白鳥に変身した姿で交わっている。

レダを誘う白鳥（ゼウス神）を描いたモザイク画。

Cygnus

オレステス(弟)とエレクトラ(姉)の像。アガメムノンを父に、クリュタイムネストラを母に持つ。悲劇作家アイスキュロスの「オレステス3部作」が名高い。

✦レダとゼウス(テュンダレオス)の4人の子供たち
・ポリュデウケス　　拳闘家(ふたご座)　ふたご座となる
・カストル　　　　　武器の使い手(ふたご座)　ふたご座となる
・ヘレネ　　　　　　メネラオスに嫁ぐ　至福の島でアキレウスと結ばれる
・クリュタイムネストラ　アガメムノンに嫁ぐ　不義の為に息子オレステスに殺される

　レダは4人の子供を産みます。4つ子とも呼ばれたりしますが、ポリュデウケス(ポルックス)とヘレネは神性が宿っていて不死であり、レダが産んだ卵によって王宮で生まれました。別伝も多いのですが、一方でカストルとクリュタイムネストラは可死の定めを受けていました。
　ヘレネが卵から生まれた話は、別バージョンがあります。
　つまりカタステリスミに見られるラムヌスの地名や女神ネメシスについての話です。この名前には「義憤」の意味があり、ヘレネの誕生に深く関係します。ネメシス、ヘレネ、そしてトロイ戦争には共通した背景が存在しているのです。憤る女神ネメシスが世界でも稀な大美人ヘレネを産みます。また一方で、増えすぎた人口を減らす為に、ゼウスは戦争を起こすことを考えました。そしてアテナ、ヘラ、アフロディーテの3女神の美女コンテ

ネメシス女神像が彫られたコイン。

ストの審判をトロイのパリスに審判させます。パリスはアフロディーテ女神を選びました。そして女神は褒美として、世界で最も美しい美女ヘレネをパリスに与えることにしました。やがて彼女を巡って男たちが争い（トロイ戦争）を起こすのです。実に良くできた話だと思います。

　ラムヌス遺跡はアッティカ地方の北部にあります。この遺跡には珍しいネメシス神殿が残っているのです。遺跡の所在を表す看板と、その近くにあるすこし錆びついた門を見逃してしまうと、たいへんなことになります。この遺跡はかなり僻地に位置しますので、食料などを買い込んでおかないと不自由します。何しろ周囲にはホテルも貸部屋もありません。海と海岸と草原以外何もないところなのです。

　またスニオン岬の東にはヘレネ島という細長い島があります。ゼウスがネメシス女神と交わり、ネメシス女神がこの島でヘレネを産んだという別伝もあるのです。スニオンもラムヌスもアッティカ地方に存在します。またヘレネ島については、パリスとアイネイアスがアフロディーテ女神の加護の下、ヘレネの連れ出しに成功した時、ギシオ港を出港し、コリントス（実際にはケンクレアイ）の南にある海底温泉が湧くロウトロ・エレニス（ヘレネの水）で休憩した後、ヘレネ島を経由してトロイへ向かったという略奪話もあります。このようにヘレネがネメシス女神の卵から生まれる場合、他の兄弟たちとは別格に扱われています。

✦アルビレオ問題について

　はくちょう座の頭部にアルビレオという色の対比の美しい二重星が輝いています。この星はバイアー記号ではβ星と表記され、3等星の明るさがあります。

　現代の天文書を読めば「はくちょう座のくちばしの星アルビレオ」として書かれています。このアルビレオはアラビア語名の星で、通常「くちばし」と解されます。より詳しくは「めん鳥の嘴（Al Minhar al Dajajah）」となりますが、これでは確かにアルビレオという読みを辿るのは困難です。どうやらこれはアラビア語の「ab ireo（くちばし）」から来ているようです。発音してみるとアビレオ（またはアブイレオ）となります。アラブ時代では「めん鳥（鶏）」であり、現代では流麗な「白鳥」と呼ばれ、ギリシャ時代では単に「鳥」とも呼ばれていたこの星座には、そう単純ではない時代背景が隠されていると考えられます。しかもムル・アピンでは、はくちょう座は存在しません。はくちょう座は、カシオペア座、そしてケフェウス座などと共に「豹（ひょう）座」を構成しているのです。時代的には最古のコピーが紀元前7世紀のものなので、ギリシャではアルカイック時代に当たります。どうやら古代ギリシャ人が夏の夜空に輝く十字型の星の配置を「鳥」として採用したと考えて良さそうです。当然ながら豹にはくちばしはありません。

　19世紀末に書かれた「Star Names」の著作で名高いアレンは、このアルビレオという名前に疑いを持っていました。同様に20世紀の半ば、米国人デービスも同様に指摘しています。これは興味深い問題なのです。アルビレオは通常「くちばし」と解されてきましたが、それを覆すべく本来の名前の臭いを彼らは嗅ぎつけていることになります。否、嗅ぎつけているどころか、デービスは「くちばしという説は間違いであり、私はアルビレオの本来の名前に気がついている。そしてそれは恐らくは正しいと思っている」という言葉を残したまま表舞台から消え、アルビレオが何を示すのかは謎として現代まで放置されてきました。

雌鳥（キュジコス考古学博物館）。

ラムヌス遺跡に残るネメシス神殿。

Cygnus

　私にはデービスのように専門のアラビア語学者と共に研究したことはありません。しかし、遺跡にたたずむ神殿を目の前にすると、その神殿が建設された時代の星空を感じることが出来ます。私はこの感覚を「星読み」と名付けました。古代人たちは特定の星を指し示すために星と星を線でつないで星座を創りました。現代のように記号化した星の名前で特定したのではありません。「星座絵を元にして星を指し示していた」のです。つまり「アルビレオ」は、星座絵を元に考えれば「はくちょう座の頭部のある部分を指し示している」ということになるでしょう。
　エラトステネスはカタステリスミにおいて、初めてはくちょう座を登場させ、星座にある星の場所を星座絵を基に説明しています。そこでは多くの人物星座と同様に「頭」にある星と解されています。何でも十把一絡に「頭」と表記されては実もフタもありません。
　参考までに天文学大全(アルマゲスト)の日本語訳では「くちばしの星」と書かれています。けれどもギリシャ語の原典では「ὁ ἐπὶ τοῦ στόματος (口の後ろにあるもの)」と表記されています。前置詞「περὶ (...の周り)」ではなく「ἐπὶ (...の後)」を伴い、属格で繋がっています。「περὶ (...の周り)」を伴うならば、口の周辺ということで「くちばし」で正解だと言えます。けれども「ἐπὶ (...の後)」を伴う以上、鳥類の口の後ろにあるものということで「目」という可能性が濃厚となってきます。つまりヘレニズム時代やロー

白鳥の背に乗るレダ。

夏の星座◇はくちょう座 ─── 白鳥のくちばしは本当にアルビレオなのか？

マ時代では「目」と表現されたものが、アラビア人によって「くちばし(ab ireo)」に変わったことを示しています。

　アレンもデービスもアラビア語を研究したのはわかるのですが、はくちょう座のギリシャ語での名前に注目しなかったのでしょうか？この2者が活動していた時代には、プトレマイオスの天文学大全は既に刊行されていました。日本語訳はギリシャ語写本からフランス語訳したHalma本を基にした重訳本で、くちばしと誤記されています。現在、最も信用あるギリシャ語の原典集大成を行っているのがTLGプロジェクトです。ここにある「天文学大全」のギリシャ語の原典によるならば、このように考えるのが自然ではないでしょうか。

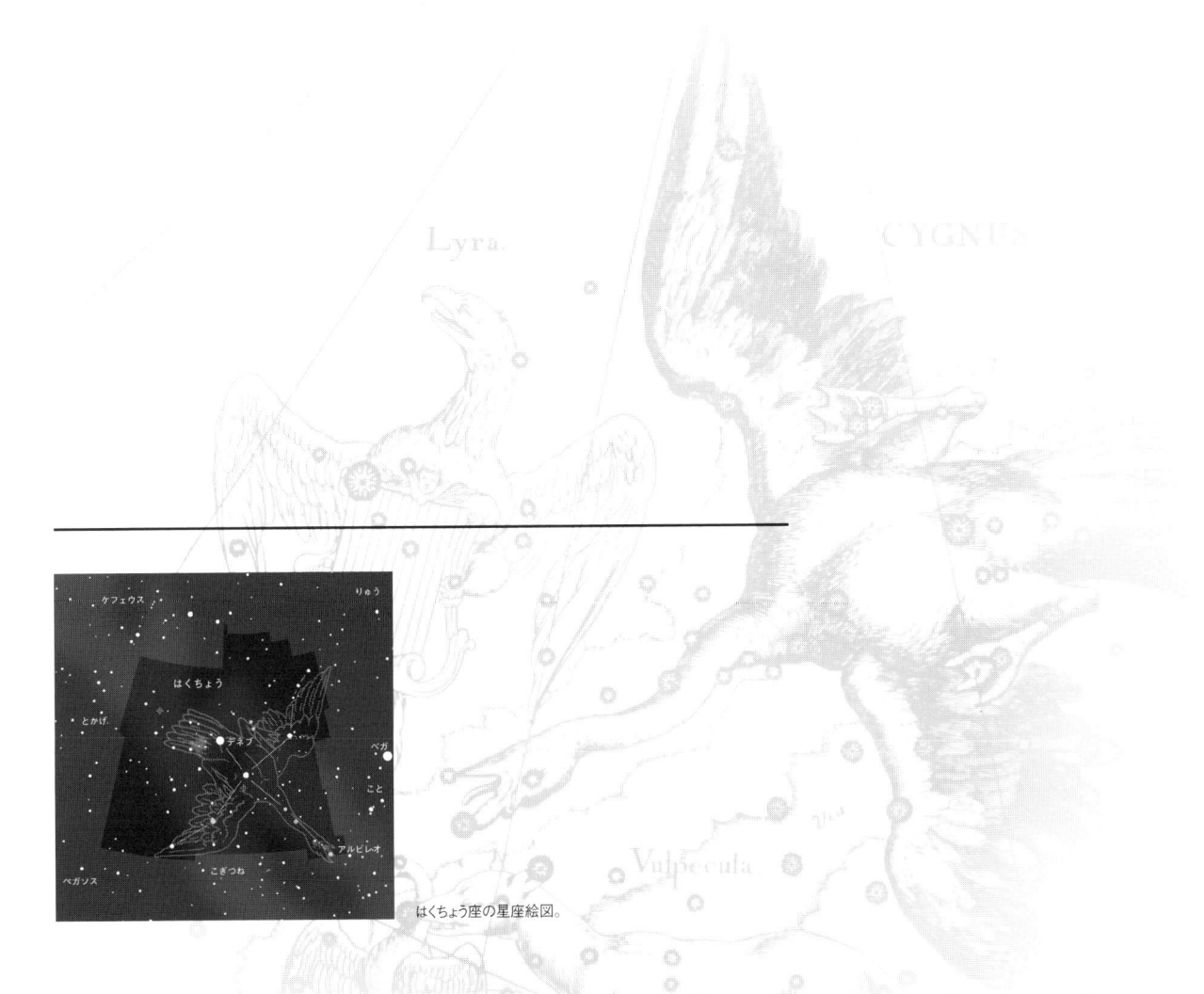

はくちょう座の星座絵図。

Aquila

わし座
古代のわし座はずっと小さかった

✈ 歴史の古い呼び名「鷲」

　夏の天の川には、有名な「夏の大三角」が輝いています。こと座のベガ、はくちょう座のデネブ、そしてわし座のアルタイルの3星を結ぶと、天の川を挟んで大きな三角形を描くことができます。

　現在ではわし座を構成する主要な星々は標準レンズで過不足無く撮影できます。けれども古代ギリシャ時代では1等星のアルタイルを中心とした4星しかありませんでした。望遠レンズで撮影できる星域しか持ち合わせていなかったのです。

　わし座はギリシャ語で「アエトス」と呼ばれています。アラトスの天文詩にも「わし座」として紹介されていますので、はくちょう座よりも歴史は古いことになります。わし座は起源の古い星座で、ムル・アピンを見ますとバビロニアでも「鷲」と呼ばれていました。ペルシャでは「鳥」と呼ばれ、またソグディアナ地方では「気高い隼」と呼ばれていました。わし座の1等星アルタイルはアラビア語で「飛ぶ鷲」という意味のようです。またこの星はプトレマイオスの天文学大全（アルマゲスト）では「後頭部にあって鷲と呼ばれる星」と記されています。

　このように歴史時代の早期から、アルタイルを中心とした星の集まりを「鷲、または鳥」と呼んでいたことになり、由緒ある星座だと言えるでしょう。特に鷲はギリシャ神話では最高神ゼウスの聖なる鳥でもあり、その飛び方によって鳥占いが行われました。

　星座物語では、ゼウスが鷲に変身してトロイの王子ガニュメデを神々の寓居へと攫っていった物語と、コーカサス山に縛られたプロメテウスの肝臓を毎日啄みに来た鷲の姿に例えました。後者の鷲はヘラクレスによって射殺されます。夜空のわし座の脇にはその時放たれた矢がや座となって輝いています。いつかはこの山でわし座とや座を撮影してみたいと思っていますが、現在コーカサス周辺は政情が不安定なためかなりのリスクがあるでしょう。

イラクリオン考古学博物館に所蔵されている鷲の像。

夏の星座◇わし座 ────── 古代のわし座はずっと小さかった

トロイの王子ガニュメデを誘拐するゼウス神。

〈わし座〉
この星座はゼウスによって天に連れ去られたガニュメデの姿、彼はゼウスの給仕だといわれている。わし座は星々の中では古く、神々はそれぞれの鳥を持っていた。ゼウスの場合、鷲がそれに当たる。鷲のみ、太陽に向かって飛び、太陽の光の方向には飛ばないという。また鳥の中では第一位に位置するのが鷲だ。この星座は羽を広げた姿で滑空するような姿で輝いている。アグラオステネスはその著書「ナクソス島の人々」において、ゼウスがクレタ島で生まれ、クロノスに見つけられて、2度目の移動をしたとされる。つまりクレタ島からナクソス島に運ばれ、この島で成長した。ゼウスが青年神になった時、ゼウスは様々な神々の長となった。ティタン族と戦う為に立ち上がりナクソス島を後にした時、鷲が現れゼウスの傍についたという。ゼウスは前兆を受け入れ、鷲をゼウスの聖鳥とした。何故ならば鷲は天界の栄誉を受ける価値があると思われるからだ。
わし座には4星が輝いている。真ん中の星が明るい。

エラトステネス「カタステリスミ」

いての上方には別の放たれた矢がある。弓の姿はない。
翼を広げた鳥のすぐ北に矢がある。けれども手懐けるのに
難しい1羽の別の鳥が輝いている。鳥ほどの大きさはない。
この頃の明け方には恐ろしいこの鳥が海上に姿を現すのだ。
人々はその鳥を鷲と呼んだ。

アラトス「ファイノメナ」311-315行

トロイ遺跡スカイア門。この門から木馬は入場した。

プロキオンが沈む頃、ヤギは東の空から昇り、

Aquila ────── 105

Aquila

　アルゴは沈む。東の空には鳥と鷲と羽のある
　宝石のような矢と神聖な祭壇が南の空低く輝く。

アラトス「ファイノメナ」689-692行

　―今、過ぎた星はなんだ？
　―プレアデスが全て東に現れている。
　　（だから）わし座が天頂に舞っている。

エウリピデス「レソス」

✦秋の西空を舞うわし座

　鷲はゼウスの聖鳥です。ゼウス神には元々、天候（天空）神としての権能が与えられていました。これは紀元前2000年頃とされている印欧語族の南下、つまり原始ギリシャ人たちがギリシャ本土に南下してきた時から備わっていたものです。ゼウスが雷電を武器に持つのも、嵐神としての位置づけが与えられているからです。これらは同じ時期の印欧語族全般に当てはまり、ヒッタイト王国ならば天候神テシュプとなり、アルツワ国ならば天候神ダタッシュとなります。

　さてアラトスの天文叙事詩には、嵐と鷲の表現があり、天候神（または嵐神）としての位置づけが如実に出ています。古代人たちは季節と星の関係を知っていました。星はカレンダーのひとつでもあったのです。星の表現では朝方に見える東の星々が最も注目されましたが、同じく明け方の西空、夕方の西の空や夕方の東の空も同様に注目され

ゼウス神、アポロン神、アルテミス女神が席を並べている。オリュンポスにある神々の寓居もこのような感じだったのだろうか。

夏の星座◇わし座 ─── 古代のわし座はずっと小さかった

オリュンポス山南方からの眺め。なだらかで女性的な雰囲気がある。

ました。わし座は主に夏の星座ですが、紀元前5世紀頃では10月の21時頃には西の空に傾いて見えていました。

ギリシャでは10月ともなると、遠方の山々に雲がかかると雷が鳴ります。南西の方角に雲がかかると、わし座が輝いている空域と重なることに気がつきます。古代ギリシャ時代の10月の宵を過ぎた頃、地平線近くにわし座が輝いているのを見たでしょうし、時には私が体験したように、山に叢雲が沸いて雷とわし座が重なって見えたこともあったでしょう。叢雲と雷電、わし座の3つがゼウスとに直結していたのです。

✦ 古代ギリシャ時代、わし座は小さかった

現在のわし座は、古代ギリシャ時代と比べるとかなり大きくなっています。理由はともかく、「カタステリスミ」にはわし座はアルタイルを中心とした4星しか記述されていません。これではこと座よりも少し狭い星域になります。またアラトスの天文詩「ファイノメナ」では「はくちょう座ほどの大きさはない」と記述されています。

ではエラトステネスの後に活躍したプトレマイオス（AD2世紀）が著した「天文学大全」ではどうでしょうか。この中の「恒星カタログ」からわし座の星を取り上げてみると以下のようになります。

〈わし座〉
- 頭の中央星　　　　　　　　　　　　τ星（バイエル記号）
- これの西、首にある星　　　　　　　β星
- 後頭部にあって鷲と呼ばれる星（アルタイル）　α星
- これに近くて北側にある星　　　　　ξ星
- 左肩の2星の西星　　　　　　　　　γ星
- その東星　　　　　　　　　　　　　φ星

右手に容器を持つ鷲像。左手にも容器を持っていたようだが破損した。

Aquila ─── 107

Aquila

・右肩にある2星の西星	μ星
・それに続く星	σ星
・さらに離れて天の川に接する星	ζ星

と9星が数えられます。エラトステネスが数えた数よりも2倍ほど多くなっています。こうなると現代描かれているわし座の大きさとほぼ一致するような印象を受けますが、これらの星々をひとつずつ星域に当てはめてみますと、アラトスやエラトステネスと同じ小さな鷲を形成し続けていることがわかります。プトレマイオスは、それより南に位置する星々を「鷲の周りの不定形」として6星を数えています。

さらに、18世紀に描かれた「フラムスチィード天球図譜」には、古代同様に小さなわし座の姿が見てとれます。そしてプトレマイオスが不定形としてまとめていたやや南にある星々は「アンティノウス座」として描かれ、この2星座はほぼ同じ大きさになります。現在のわし座は、古代のわし座とアンティノウス座を合わせた星域を持っています。

アンティノウス座は、紀元後131年にハドリアヌス帝が、ナイル川（ナイルデルタのベサ）で溺死した側近アンティノウス（22歳）を悔やんで、この美青年の記憶を永遠なものとするために、彼を神格化させただけでなく、アンティノポリスを建設しました。そして星座としてアンティノウス座を置きました。皇帝に仕えた側近が、星空で最高神ゼウス神が変身するわし座のすぐ脇に輝いていることになります。プトレマイオスのアレキサンドリアでの活動時期が紀元後127-145（または151）年に及ぶので、ハドリアヌス帝がアレキサンドリアに滞在した時期（AD130年）と重なっています。彼はハドリアヌス帝の講演を聴講した可能性があります。アンティノウス事件は当時ではコンテンポラリーな出来事であって、遥か昔に遡る星座物語として構成するという意識が働かなかったのでしょう。プトレマイオスの恒星カタログにはアンティノウス座は記述されていません。ハドリアヌス帝からピウス帝時代では平和な時代が長く続き、アンティノウス座はローマでは受け入れらました。さらに次のアウレリウス帝からのローマは外敵の侵攻を受け始め、次の3世紀ではゼノビアの反乱など地方の反乱が頻発し、キリスト教が次第に勢力を増していきます。ハドリアヌス帝以後の平和な時代が存在しなかったら、アンティノウス座も存在しなかったかもしれません。

現代では「アンティノウス座」は廃星座となり、この領域の星々が、現在のわし座となって、古代や中世よりもずっと大きな星座となって夜空に輝いています。

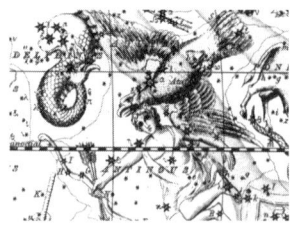

古星図に描かれたアンティノウス座。

ビティニア出身の美少年アンティノウス像。

髭を蓄えたハドリアヌス帝。

夏の星座◇わし座 ──── 古代のわし座はずっと小さかった

古代ギリシャ時代には、わし座はアルタイル周辺の4－9星に過ぎなかったが、現在では遥かに広い星域を占めている。

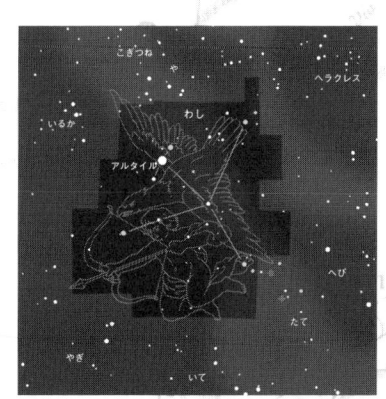

わし座の星座絵図。

Aquila ──── 109

秋の星座
エチオピア王家と星の海

秋の星座―――エチオピア王家と星の海

　ギリシャでは8月の第一週が終わると、暑さのピークを過ぎます。中旬頃からは透明な風が吹き始め、人々はその年の夏を振り返るような感覚になります。現代ギリシャでは8月の満月は日本の中秋の名月のように特別視されています。今はわかりませんが、私が滞在していた頃はギリシャ中の主要遺跡では満月の夜に遺跡が特別に開放され、夜を涼みながら遺跡と共に満月を愛でるイベントがありました。実は、古代スパルタにも晩夏の夜、満月を愛でる習慣がありました。カルネイオス祭と呼ばれアポロン神への祭りです。

　10月までは30度を超える気温ですが、真夏のような勢いはありません。相変わらずの青空が広がっていても、透明感のある風が街を吹き抜けるようになり、次第に夜が長くなっていきます。メランコリックな季節の始まりです。私は公園に面したカフェでゆっくりとフラペ(泡ネスカフェ)を飲みながら、時間の流れるままにゆったりと自分の意識も流すことにしています。

　11月上旬のアテネは日本の秋に当たるでしょう。やがて雨が降り出し、いつの間にか冬になっていきます。約2週間という短い秋です。

　古代人たちは「秋の南の空は海」と呼んでいました。これは遠くメソポタミアに遡る星空の記憶です。秋の空には海に関係する星座が沢山見られます。

　では、この海を眺めてみましょう。西にはやぎ座、みずがめ座、みなみのうお座、くじら座、そしてエリダノス座で終わります。少し上を眺めてみましょう。そこには暗い星が並ぶうお座が輝いています。ギリシャ語の「ν」のように星の線を辿ることができるでしょうか？2匹のうお座は南に輝いているくじら座の勢いから逃げるように夜空を飛び跳ね、そのうちの一匹は秋の星の海の海岸近くを飛び跳ねています。この魚の直ぐ脇には鎖で繋がれたアンドロメダ座が輝いています。そして残りの一匹は秋の天頂に輝く四辺形を成すペガソス座の背中の近くを跳ねています。

　秋の星空はこのように古いメソポタミアでの星の記憶から、ギリシャ神話に舞台が移ります。

　アンドロメダとその母カシオペアが隣り合うように輝いているのが見えるでしょうか？薄い光芒の秋の天の川を見たことがあるでしょうか？この天の川を背にW字型のカシオペアの姿が認められます。ここから薄い天の川を西に辿ると、エチオピア王であるケフェウス座の細長い5角形が見つかります。特に天の川からはみ出た1星は、北極星のすぐ近くに輝いています。さらにカシオペアから東の天の川を背に輝いているのが、解放者ペルセウスの雄姿です。メデューサの首を手に持ち、剣を片手に北の空に輝いています。南天からアンドロメダに迫るくじら座を含めると、秋の夜空という一大スクリーンには、エチオピアの海岸を舞台にしたペルセウスの冒険物語が描写されているのです。

*10月、11月の夜20時から22時頃に見える星座たちを秋の星座としてまとめました。
・やぎ・みずがめ座・うお座・おひつじ座・ペガソス座・アンドロメダ座・カシオペア座・ケフェウス座・ペルセウス座

Capricornus

やぎ座
牧羊神と山羊魚

✦牧羊神パーン

　ギリシャの神々がナイル川で会食をしていた時、突然、テュフォーンが襲ってきました。不意を突かれた神々はパニックに陥り、てんでバラバラに変身して難を逃れました。この時牧羊神パーンは下半身が魚という中途半端な変身をして、自らのパニックに大笑いしたということです。このようにパーン神は「パニック」の語源となっていて、ギリシャ（アテネ）での言い伝えでは、有名なマラトンの戦いの時に巨大なパーンの像が現れ、ペルシャ兵たちを「狂乱」に陥れたと伝わっています。

　星座物語では、やぎ座はパーン神として説明されます。パーンはヘルメス神を父に、アルカディア地方のドリュオプスの娘を母に生まれました。生まれたときから角が生え、髭を生やし、山羊の下半身をしていたといいます。この姿を始めてみたら、誰でもびっくりすることでしょう。

　「星の海」近辺に輝いている星座たちは、当然のように「水」に関係した星座たちです。やぎ座は、秋の星座たちの第一陣とも言うべき星座です。文献によるとメソポタミア時代から「山羊魚」として上半身が山羊で下半身が魚といった姿の星座となっていました。

　　やぎ座はアイギパーンのようだ。彼の下半身は動物であり、頭部には角が生えている。彼はゼウスと共に育てられたがゆえに尊敬されている。エピメニデス著「クレタの歴史」によれば、ゼウスと共に巨人族との戦いに向かった時、彼はゼウスとイダ山にいた。この時、ほら貝を吹いてその音で以てパニックを喚び起こさせることに気が付いたと思われる。そして巨人族は敗走した。このようにしてゼウスによる支配権が確立し、パーンはその功績としてゼウスによって星々の中に母の牝山羊と一緒に星座となった。やぎ座に魚の尾を持つのは巨人族との戦いの功績である。それは海の中でほら貝を見つけたからだ。
　　彼はそれぞれの角に1星ずつ、角には暗い星が更に1星輝いている。頭に2星、首に1星、胸に2星、前足に1星、足の遠くに1星、背骨に7星、腹に5星、尾に2星輝いている、全部で24個。

コリントス考古学博物館所蔵の山羊のモザイク画。

パーン神。葦笛を持ち、蹄の足を持つ。

秋の星座◇やぎ座 ────牧羊神と山羊魚

エラトステネス「カタステリスミ」

それから嘆かわしいことに、突然吹き荒れる南風が吹く。
ちょうど太陽が山羊に入ったときのことだ。その頃、
空からは霜が降り、水夫達を凍えさせてしまう。
その季節は一年を通じて最も船の竜骨の
下が黒く淀み、そして海に潜るカモメのように
人々は岸に座り、岸から船までの距離と
船の下の深さを知るようになる。もし船を
沖に進めようものなら、大波によって転覆
してしまう。板子1枚下は地獄なのだ。

アラトス「ファイノメナ」291-299行

同様の輪が南にもある。その輪（南回帰線）は
山羊の中央を通り、みずがめの足元、そして海の
化け物鯨、そしてうさぎ座を通過する。不満に
残るのは偉大な姿の大犬を通過せずに、僅かに
犬の足をかすっていくことだ。アルゴ船と力の強い
ケンタウロスの背中を通り、さそりの甲羅を通り、
きらめく射手に到る。この輪は、太陽が通る最も
南の通過点。8つの星座の内、3つは天上に
姿を現すが、残りの5つは水平線下に沈んでいる。

アラトス「ファイノメナ」501-510行

名エプラクシテレスによるヘルメス像。

✴テュフォーンについて

　パーン神は、敵をパニック状態にさせて戦意を削いでしまうのですが、逆にこの牧羊神をパニックに陥れたテュフォーンは、どんな怪物なのでしょうか？
　ゼウス一派は支配権の維持のためにギガンテスと呼ばれる巨人族との戦い（ギガントマケー）が起きます。パーン神やヘラクレスらの活躍で、最終的にはゼウスたちが勝利を収めましたが、巨神たちを生み出したガイア（ゲー）は、ことあるごとに巨神族を地上に送りだしてきました。テュフォーンはその最後期の怪物だとされています。この怪物は背丈はどの高山よりも高く、髪は星に触れるほどでした。更に両腕を伸ばすと東の果てと西の果てに達し、肩からは蛇型をした頭が100も数えられたといわれています。腿から下は巨大な毒蛇のごとくとぐろを巻き、全身には羽が生え、目からは火を放ち、100の口からは様々な轟音を発しました。
　テュフォーンを星座に例えると、北斗七星がそれに当たるといいます。ギリシャ辺りでは北斗七星は荷車や、おおぐま座（ヘリケー）として流布していたのですが、テュフォーンとしてのバージョンも存在することになります。北斗七星の輝きには、オリンポスの神々による支配を脅かす存在としての意味が隠されているのです。
　北斗七星を悪しきものと見る動きがエジプトやオリエント世界にはあります。うしかい座の紹介の時にも書きましたが、エジプトでは北斗七星は「牛の腿」に相当し、エジプト新王朝時代のセンムートの天井画には、「牛の姿をしたセト神」として描かれています。セト神はオシリス神を八つ裂きにしたことで名高い悪しき神です。
　また、オリエント世界ではギルガメシュ叙事詩にもヒントがあります。ギルガメシュの親

雷電を持つゼウス小像（ブロンズ製）。

アッティカ黒像式壺絵に描かれた山羊。

Capricornus ──── 113

Capricornus

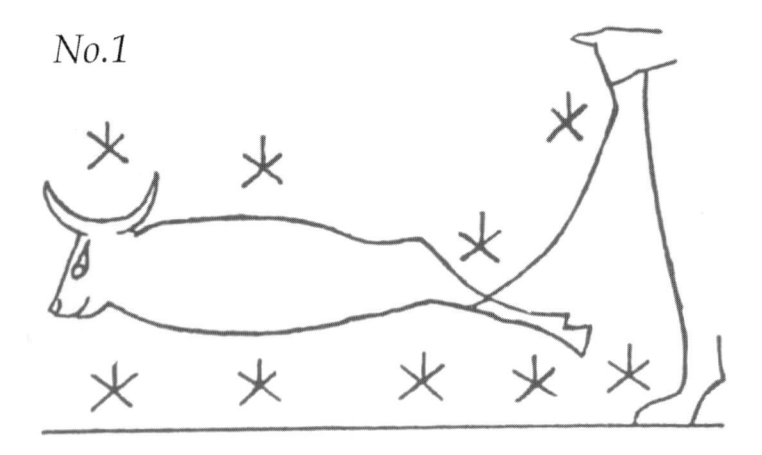

No.1

No.2

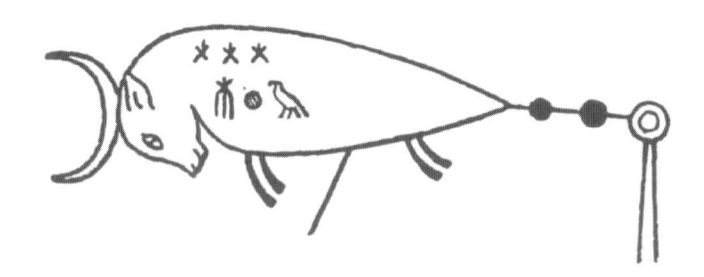

北斗七星をセト神に見立てる資料。

友エンキドゥが血塗られた「牛の足」をイシュタル女神に投げつけたこと(このことによってエンキドゥは死を宣告される)がこれに当ります。牛の後ろ足は縁起が悪い凶事とされ、それが星座の北斗七星に表現されていることは実に興味深い事実です。今回のやぎ座の星座物語でテュフォーンが北斗七星として、そして凶事としての位置が示されていることになります。

最後に北斗七星の位置から察すると、神々が宴会を開いていたのは、北斗七星が北の地平線に向かう季節である初夏だと思われます。秋の明け方にも北東の空に北斗七星は昇りますが、宴会する時間帯ではありません。

✦パーン神の聖所と昼寝とアルカディア地方

牧歌的なのんびりとした自然景観がある土地には、よくパーン神の聖所があります。

ギリシャを離れて、パレスティナにもありますし、エジプトのナイルデルタにもありました。勿論、ギリシャにもあります。それこそアテネのアクロポリスやその近郊の山であるイミトス山麓にも牧神の聖所があるのです。

ペロポネソス半島にあるマイナロス山。パーン神の故郷でもある。

ナイルデルタ風景。

秋の星座◇やぎ座 ──── 牧羊神と山羊魚

　牧畜が可能でゆったりとしたところは、心地よい午後の昼寝ができる場所でもあります。パーン神の快適な眠りを妨げる人はパニックにさせられるといいます。ギリシャには昼寝（ミシメリ）の習慣があり、午後2時過ぎから5時頃まで、スーパーマーケットを除いた多くの商店は閉店します。郷に入っては郷に従え、ということでギリシャにいた頃は私もよく昼寝をしました。1日が2倍楽しめるような不思議な生活空間でした。夏は気温が常に35度を越える訳ですから、その方が生産性は良いでしょう。勿論、当然のようにサマータイムを導入しています。

　でもそれだけではありません。実は、仕事を始める時間も速いのです。ギリシャでは夏のある時期、朝6時30分頃に太陽が昇ります。そして約2時間後の8時過ぎには経済活動が始まっているのです。一方の日本では、夏の8月ならば、太陽は5時頃昇ってくるにもかかわらず経済活動が始まるのは9時です。陽が出てから4時間経たないと、経済が動きません。態々、一番暑い時間に合わせて仕事をするようになっていますので、夏の生産性は落ちてしまいます。昼寝の習慣は日本人にはありませんが、ここでサマータイム導入に加え、更に1時間速く世の中が動けば、今までより2時間速く人々の活動が始まります。その昔、時法の違いで江戸時代の日本人はもっと速い時間から仕事をしていたのですから、可能性は無くも無いと思うのですがどうでしょうか。

クレタ島のイダ山中で見かけた山羊。この島には野生の山羊が生息する。

トルコ西海岸で山羊の群れと遭遇した時の一コマ。

Capricornus

Capricornus

　ギリシャにはペロポネソス半島という桑の葉(モレア)の形をした半島があります。
　トロイ戦争の時代よりも3世代昔の英雄にペロプスがいました。ピサの王オイノマオスの娘ヒッポダイメイアとの結婚を賭けた戦車競技で王に勝利したペロプスが、競争中に無くなった王の為に葬祭競技を開催したのがオリンピック競技の起源と呼ばれています。ピサ王となったペロプスは、その勢力が半島全体に及ぶまでになり、モレアと呼ばれていた半島もペロプスの半島、即ちペロポネソス半島と呼ばれるようになりました。
　半島という地理的な特徴から、よりギリシャ的なモノを探そうとする時、気になる地域です。例えばヘラクレスの12の功業が行われた場所は何処だったのでしょうか？実は、その多くはこのペロポネソス半島での出来事です。
　パーン神が生まれたアルカディア地方は、この半島の中央部になります。ドーリス人の侵入によって陸封されたために、独自の言語(アルカディア方言)を残しました。このとき海を渡った人々は、トルコ南岸のパンフィーリア地方へと移動していきました。このため、この半島の山岳地帯とトルコの南岸にある都市国家の言葉が同じなのです。
　アルカディア地方にはパーン神の他、おおぐま座となったカリストがいます。神々としてはアポロン神、ヘルメス神、アルテミス女神などが深く関わってきます。この地方は山深く、特にマイナロス山の近くにあるアカケシオン村にはパーン神の社があり、聖火が燃やし続けられ神託も行われていました。この山深い地方にはオリンピアへと流れるアルフォス川やその支流であるラドン川が流れています。トリポリやメガロポリスなどの大きな町もありますが、多くは小さな村が点在しています。また様々な遺跡(バッサイのアポ

神々の会食。岩に座るパーン神が見られる。

秋の星座◇やぎ座 ―――牧羊神と山羊魚

やぎ座は星が半円形の船のように星が連なるので見つけやすい星座だ。

ロン神殿やアリフィラのデメテル神殿など)もあります。朝や夕方は羊の群れに良く出会います。グリークグリークと称される純朴なギリシャ人たちが暮らす穏やかで牧歌的なところです。今でも牧神パーンや狩猟の女神アルテミスがいてもおかしくないような場所なのです。

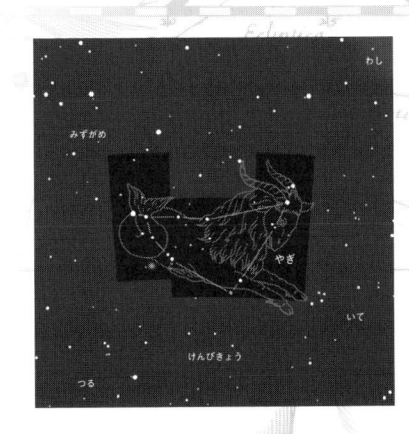

やぎ座の星座絵図。

Capricornus ―――117

みずがめ座
主体性を持たないガニュメデ

✤ 偉大な星みずがめ座

　夏の派手な天の川や星座たちが西に傾くと、夜の帳にも涼しさを感じ始めます。その頃、南の空にはみずがめ座が輝いています。夜空に星の水を注ぎ続けているその姿は、まさに一服の清涼剤のような輝きがあります。さらさらと流れ落ちる星の水の先には、みなみのうお座の1等星フォーマルハウトが輝いています。

　ギリシャの星座物語でのみずがめ座は、荒鷲に変身したゼウスによってさらわれたトロイの王子ガニュメデがオリュンポスで酌をしている姿ということになっています。トロイ戦争時よりも2世代ほど昔に遡った時代のことです。その時オリンポスの寓居には、普段酌をしてくれる青春の女神ヘベが留守でいなかったという理由があったようです。

　この星座を紹介する時、困ることがあります。それは、神々の寓居で酌をするガニュメデの主体性が全くないということです。つまり、彼自身を扱った星座物語を語ることができないのです。

　ギリシャよりも古い星の資料であるムル・アピンを見てみますと、みずがめ座は「Gula（偉大な星）」となっています。さて何が偉大なのでしょうか。

　ギリシャにもコパイス湖に近いオルコメノス遺跡の近くにグラ（gla）という似た名の遺跡があり、この城塞を見学しましたが、関係はなさそうです。気になるのはメソポタミアを流れるユーフラテス川の河岸にあるマリという都市遺跡です。ここから水瓶を持った等身に近い高さの女神像が発掘されているのです。その姿はシリアのアレッポ考古学博物館に展示されています。両手に持った水瓶は女神の衣服に沿って水が流れ、その水の流れに数匹の魚が泳いでいるレリーフとなっています。これはまさに秋の南の夜空に輝くみずがめ座とみなみのうお座を思い起こすには充分な資料です。

　この水瓶を持つ女神像が何を表しているのか、関連する神話をひも解いていくとフェ

秋の星座◇みずがめ座 ─── 主体性を持たないガニュメデ

ニキア系のアタルガテス女神が最も近いような気がします。唯、ギリシャ人とフェニキア人は共に商売敵の関係でした。

〈みずがめ座〉
この星座は以下のことをもってみずがめ座と称せられている。彼はワインを入れる壺を持って立ち、そこからたくさんの液体が溢れている。その姿はガニュメデの姿だと人々から言われている。水がめの下方を持ち上げているような姿で、そのイメージは本当に酌取りのようだ。ゼウスは彼を目撃し、彼を連れ去って、ゼウスのいる寓居で美しい酌取りとしてそこで仕えさせ、神々の間でも重きを成すようになった。そして可死の人間から不死になったかは私は知らない。そこで溢れ落ちるのは神酒ネクタールだろう。それは神々の飲み物だ。下方から持ち上げて流れるそのものを、神々の飲み物であると表明したいと私は言いたい。

この星座には頭に暗い星が2星、それぞれの肩に1星が輝き、それぞれが明るい。両ひじに1星ずつあり、離れた右手に輝く星が1星、そして両胸に1星があり、両胸の上にも1星ずつある。左の尻に1星、両ひざにも1星ずつ、右のすねに1星あり、両足に1星ずつある。全部で17星ある。そしてこぼれ落ちる水には31個の星が数えられ、その中の2星が明るい。

エラトステネス「カタステリスミ」

オリュンポス山南方からの眺め。カリア村近郊からの眺望は女性的な雰囲気を持つ。

Aquarius ─── 119

Aquarius

踊るペガソスと二匹の魚の辺りには、
ペガソスの頭に向かって、みずがめ座の右手が伸びている。
みずがめの背後にはやぎの姿がいくらか低い空に
輝いている。この辺りは力強い太陽の分岐点に当たる。

アラトス「ファイノメナ」282-286行

更には神にも見まがうガニュメデが生まれた。
ガニュメデは人々の中で、最も美男子となり、その為に
神々はその美しさを愛でて、彼を神々と共に住ませようと
ゼウスの酌人とする為に天上へと攫っていった。

ホメロス「イリアス」第20巻（岩波文庫 呉茂一訳）

✈ 神々の寓居オリュンポス山

私はオリュンポス山へ向かう時は7月と決めています。

叙事詩の枕詞には「叢雲取り巻くオリュンポスの高峻」とあるので、叢雲が沸かない季節である夏に向かうことにしています。それも強力な高気圧によってギリシャ北部が覆われる時を狙います。それくらいこの山は曇りやすいのです。地理的にもエーゲ海とバルカンとの境界に位置し、その為、様々な高山植物が花開くことでも有名です。中腹までは森林が多いのですが、高所は荒れた岩肌が露出しています。これらが原因で、オリュンポス山は長い間、難攻不落の山となっていました。実際に初登頂に成功したのは、1953年になってのことなのです。ドイツ・オーストリア隊が成功しました。

標高は2917M（ミティカス峰）ありますが、富士山のような独立峰ではありません。また車でかなり内部まで入り込むことができます。道の終点（標高1000Mくらい）まで来ると、オリュンポス山を360度のパノラマで見ることができます。森林があり、渓流が流れていて、水はひどく冷たく、一瞬呼吸が止まります。終点には駐車場もあり、レストランもあるので意外と便利です。駐車場から6時間ほど登ると山頂まで行けます。中腹に山小屋（標高2100M）があり、ここで宿泊することも可能です。

初登頂からたった50年でこの山は大きな変貌を遂げたのです。

オリュンポス山は東西南北それぞれの方角からこの山を見ると、全く違う印象を受けます。山の東には、オリュンポス山登山の拠点リトホロの町があります。ここから見ると、まるで関門のような印象を受けます。左右の山塊の向こうにオリュンポス山の高峰が見え、重厚な景観となっています。少し北に移動しますと古代マケドニア王国の宗教都市ディオン遺跡があります。この遺跡に隣接した考古学博物館の周囲にあるレストランからこの山を見ますと、多くの峰が重なって見えます。その光景は、ひとつの峰が一柱の神を、高い峰ほど有力な神を表しているかのようです。北西の方から見てみますと、あまり印象が無く、高い山があるという存在だけを感じます。南からの景色はのっぺりとした印象です。カリアという山中の村にはホテルもあります。ここから山を登ると開けた場所があり、特に日の出後の透明感のある張りつめた空気に包まれてこの山を眺めるのは格別な思いがします。但し、カリア村までの山道はたいへん荒れた道でした。3、4回カリア村を訪れていますが、毎回、鬼の洗濯板のような路面には閉口してしまいます。けれどもこの難所を通過すると神々しいオリュンポス山の眺めが見られるのです。

ギリシャ世界にはたくさんのオリュンポス山が存在します。キプロス島にもありますし、

オリュンポス山中はカール状になっていて沢が多く、樹木も多い。

リトホロから眺める東側からの眺め。

ディオン遺跡からの眺め。峰が重なりあう。

秋の星座◇みずがめ座 ──── 主体性を持たないガニュメデ

トルコにもあります。レズボス島にもあります。古代ギリシャ人にとって、その生活の場で一番高い山をオリュンポス山と呼んでいるようです。全く関係ありませんが、オリュンポス山は火星にもあります。この山は太陽系最大の火山で、高さは26-27kmあるようです。

✦ガニュメデの故郷トロイ

　チャナッカレからトロイに向かうと、同じような丘陵地帯が延々と続いています。「Tur-va（トロイ）」の標識を見つけて幹線道路から細い道に入ると、移動中の疲れのせいでしょうか、イリアスで描写された戦場での剣戟の響きが聞こえてくるような気がします。自分はギリシャに住んでいるのに、東から西へ向かうこの道からトロイに入ったら、トロイ側の援軍と間違われてしまうかも、などと妄想は膨らみます。

　今日でも多くの人々が訪れるトロイ遺跡ですが、普通、その人生において1度訪れれば充分な遺跡です。それを3度も4度も訪れている私は何なのでしょうか。

　1992年5月に初めてこの遺跡を訪れた時、私はまだ若く、トロイの木馬が入場した門であるスカイア門くらいしか意識していませんでした。遺跡近くのホテルヒッサルリクの

オリンピア考古学博物館所蔵のガニュメデをさらうゼウス神。

Aquarius ──── 121

Aquarius

カフェで紅茶をすすりながら、その晩如何にしてトロイ遺跡とわし座を撮影するか、工夫を重ねていました。1泊しか滞在しなかったのですが、レンタカーでやってきた若い日本人のことは店の人の記憶にも残っていたようで、1997年5月に訪れた時、「お前、あの時の日本人だろ」という具合に質問され、5年ぶりの再会となりました。彼は「日本人てのは団体でバスでくるか、バックパックを背負ってやってくるのさ。若い日本人は普通、車で単独でやって来ない。車でやってくるのはトルコ人のガイド付きで年配の研究者というパターンが多い。そしてお前は再び車で単独でやってきた。お前は何者だ？よし、後で面白い人を紹介してやる」と私に言いました。何でも最近日本で出版されたトルコの遺跡の本で名前が出ているようです。

日が落ちかかったホテル前のカフェで、珍しい英語の歌の肉声が聞こえてきました。歌い手は遺跡本の協力者であるアスラン氏です。日本語はあまりわからないので英語でのやり取りでしたが、面白い研究者でした。

そして9年後の2006年3月にもトロイを訪れました。トルコ大使館の協賛を得て、皆既日食撮影の為にトルコにやってきたのです。日食撮影だけではもったいないので、夜間に各地の遺跡を星空と共に撮影する許可を得ていました。道中はトルコ人スタッフがガイド兼ドライバーをこなして、私の些か気違いじみた旅を見事にサポートしてくれました。私としては遺跡に近いこのホテルを使用したかったのですが、それはかないませんでした。それでも飲み物の買い出しの時、懐かしいホテルの店内に入ってみましたが誰にも声を掛けられませんでした。ギリシャに滞在していた時の私は、それなりに雰囲気というものがあったと思います。生活の厳しい日本の地方都市にいる私は、海外生活者で

トロイ遺跡遠望。ギリシャ軍側の陣地からはこのような眺めであった。

トロイ遺跡近郊は丘陵地帯が延々と続く。

✦ トロイ王家の系図
ゼウス＝エレクトラ（アトラスの娘、プレアデスの１娘）
　　　｜
・イアシオン（クレタ島でデメテル女神と結ばれる）
・ハルモニア
・ダルダノス＝パティエイア
　　　｜
　・イーロス
　・イーダイア（略）
　・エリクトニオス＝アステュオケー
　　　　　｜
　　・トロース＝カロリエ
　　　　　｜
　　　・イーロス（本家以下略）
　　　・アッサコラス
　　　・ガニュメデ
トロイ王家の系図はアトラスの娘、夜空に輝くプレアデスの7人姉妹の一人エレクトラが家祖となっています。トロイ戦争以前の系図には、星空やそれに関係した話が幾つかみられます。

遺跡では復元されたトロイの木馬。

秋の星座◇みずがめ座 ── 主体性を持たないガニュメデ

やぎ座と連接するみずがめ座。この星座を正確に示せる人々は意外と少ない。

あった当時のアクが抜けてしまったのでしょうか？僅かな時間とはいえ、残念なことでした。

みずがめ座の星座絵図。

Aquarius ── 123

Pisces

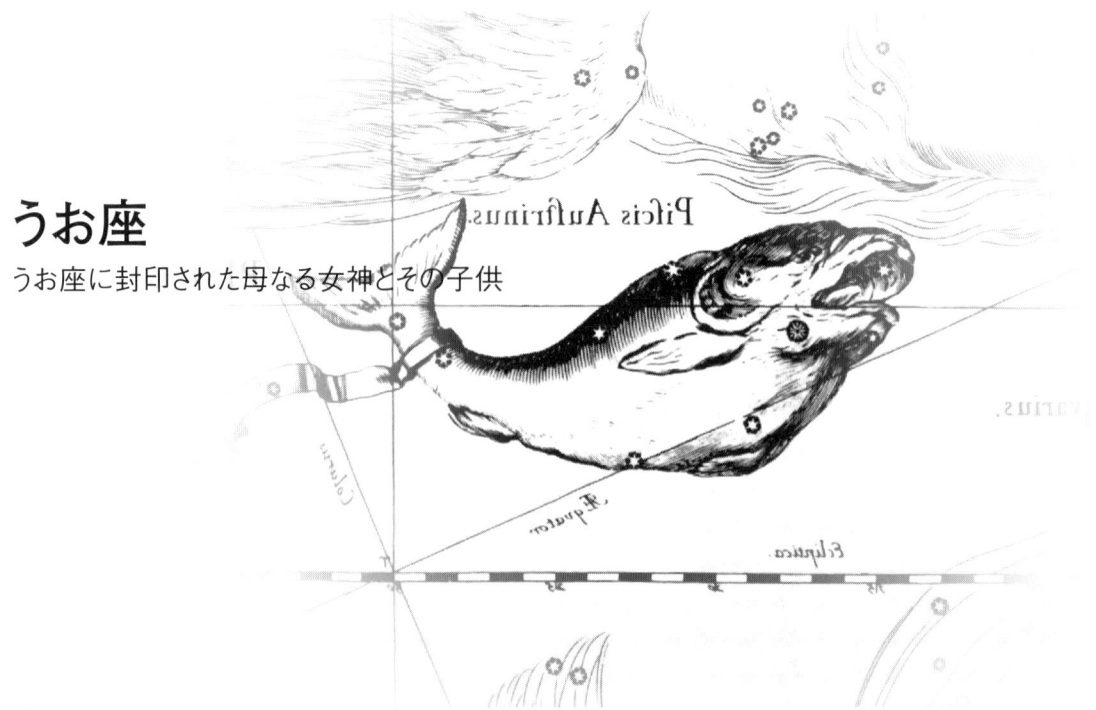

うお座
うお座に封印された母なる女神とその子供

✦化け物鯨に驚いて逃げた2匹の魚

　秋の空高く輝くうお座の星々の連なりがわかるでしょうか。というのも、この星座は暗い星々でできていて、星座絵を思い浮かべるのにはコツが必要なのです。アンドロメダ座の右手（南）付近に北の魚が泳ぎ、南の魚は天馬ペガソスの背中近くに輝いています。この2匹の尾から紐とも鎖とも呼ばれる星の連なりが2つあり、これらの星の列は結び目の星に辿り着きます。

　うお座を見つけたら、南に視線を移してくじら座を探してみましょう。くじら座を見つけたら、この神話上の化け物鯨をアンドロメダ座に向かっていくようにイメージしてみます。彼女目指して迫り来る化け物鯨に驚いて、夜空のエチオピアの海岸近くで2匹の魚がジャンプした姿が見てとれるでしょう。

　うお座の星座物語はやぎ座の星座物語と同じ話です。ナイル川の岸で神々が宴会を催していた時、不意にテュフォーンが襲ってきました。これに驚いた神々は、逃げることを優先しました。アフロディーテ女神とエロス神は魚に変身し、ナイル川に飛び込んだといいます。この時の姿がうお座の星座です。

　言い方を変えれば、変身して逃げただけで星座になった珍しい星座です。こういった場合、大抵古くて大きな背景があります。

> 〈うお座〉
> 　2匹の魚は偉大な魚の後裔だと言われ、このことに触れようとすると、その歴史はより複雑になる。2匹の魚は共に連れ添って泳いでいるのではない。一方は北の魚と呼ばれ、もう一方は南の魚とされている。2匹の魚は牡羊の前足の辺りで繋がっている。
> 　北の魚には12星が数えられる。（ヒモには12星あり、）南の魚には15星が数えられる。ヒモと魚の重なりが、北の魚に3星続く南に3星、その東に3星、南の魚に3星が重なる。これらが12星ある。全部で39星。
> 　　　　　　　　　　　　　エラトステネス「カタステリスミ」

ルーブル美術館所蔵のアフロディーテ女神の頭部。

眠るエロス神。

秋の星座◇うお座 ─── うお座に封印された母なる女神とその子供

キティラ島にあるアフロディーテ女神が最初に漂着した海岸。

アフロディシアス考古学博物館所蔵の東方のアフロディーテ女神像。

キプロス島のアフロディーテ女神が誕生した地。

おひつじ座の前方、南半球への玄関口として2匹の
うお座が輝いている。1匹はより高い空を泳ぎ、
新鮮だが荒々しい北風に心を寄せている。
2匹は鎖によって尾をつながれ、互いに引きあう。
2匹をつなぐ鎖は美しい輝きを放つ1星によって
方向を変えている。人々はこの星を結び目の星と呼んだ。
アンドロメダの左肩口が北の魚を見つける助けに
なるくらい、北の魚はその近くを泳いでいる。

アラトス「ファイノメナ」239-248行

✣ アタルガティス信仰

　うお座は古くはメソポタミアのアフロディーテ女神系の女神に遡り、ギリシャではデルケトとも呼ばれ、後にはキリスト教と関係が深くなる星座でもあります。魚は古代の多神教の世界では繁殖のシンボルでもありました（愛の女神も関係します）。ギリシャ神話と同じ時代の産物であるフェニキア神話には魚に関係したアタルガティスという強力な女神がいます。この女神の前身はシュメール文明のイナンナ女神に行き着きます。シリアから出土した女神彫刻には、その表面に河の流れと魚が刻まれているものがよく見られます。女神像に魚が彫られているのです。アタルガティスの物語とはどのようなものか。

Pisces ─── 125

Pisces

アフロディシアス遺跡。奥にアフロディーテ神殿が見える。

アテネ考古学博物館所蔵のアフロディーテ女神像。

人々の心をとらえるエロス神。名作のひとつだと思われる。

星座の起源を探ろうとすると、ギリシャよりも東の古代世界に注目せざる得ません。アタルガティス、イナンナ、特にオアネスを経て、結局は紀元前4000年頃の南メソポタミアに存在したエリドゥの魚信仰に辿り着きます。

紀元前2000年紀に西アジアで流行したアタルガティス女神の物語は、このようになっています。

ある日、メソポタミアを流れるユーフラテス川の水面に巨大な卵が浮いていました。2匹の魚がそれを発見して、それを陸地に運びました。3日間、鳩が卵を温めると、卵からアタルガティス女神が生まれました。女神はこの2匹をうお座にしたということです。またアタルガティスは水に関係した女神として、生殖の女神の役目を担っています。

また別の話では、アタルガティス女神は、ある晩湖に落ち、その時、大きな魚が女神を助けてあげました。女神は助けてくれたお礼に、金製と銀製の魚の彫像を作り、この湖では魚を捕らないように人々に命じました。そして大きな魚とその子供の2匹の魚は、天に上げられて星座となりました。大きな魚がみなみのうお座となり、2匹の子供たちはうお座になりました。

アタルガティス女神には息子にイクティスがいます。この女神がイナンナ女神に遡るアフロディーテ女神系の女神ですので、メソポタミア独特の「母なる女神と子」のイメージを持ちます。これは母と子という切っても切れない関係を示しています。その為、うお

座の尾は鎖で繋がれた姿で輝いているのだといわれています。たとえ2匹の魚が互い違いの方向を向いても、その束縛の鎖には、しっかりと結び目の星が輝いています。

✈ アフロディーテ女神とエロス神、そしてアドニス

　星座物語では、うお座はアフロディーテ女神とエロス神が変身した魚の姿に当たります。愛のキューピッドとして名高いエロス神には、深い歴史が内在されています。例えばヘシオドスはその作品「神統記」において、世界は先ずカオス（混沌）が別れて、大地や冥界の底タルタロスが生じ、これらに次いで、または同時にエロスが生まれた、と語っています。他の詩人によると、夜（ニュクス）と昼間（ヘメラ）の子供としてエロスを歌う例もあります。

　総じて紀元前5世紀頃から、エロス神をアフロディーテ女神の子供とする努力が顕著になります。詩人にして売文家シモニデス（BC6‐同5世紀）が、初めてエロスをアフロディーテ女神とアレス神の子供としました。また悲劇作家のエウリピデスは「ヒッポリュトス」において、ゼウス神とアフロディーテ女神の子供と呼びました。ヘレニズム時代では更にアフロディーテ女神の子供と位置づけ、青年として表現されていたエロス神が、現在伝えられているように幼い少年に変化しています。

　美少年アドニスの物語がアフロディーテ女神と関わりを持ち、この組み合わせも「母なる女神と子」というイメージを伴います。

　物語の舞台はアタルガティス女神の場合と同様にフェニキア地方になります。アポロドーロス（BC2世紀の文法家）によると、アドニスは曙の女神エオスの裔キュラニスとキプロス島のピュグマリオンの娘メタルメーとの間に生まれました。少年の時、アルテミス女神の怒りに触れて、狩りの時に猪によって傷つけられて死んだと伝えています。ヘシオドスでは、ポイニクスとアルペシボイアの子だと伝えられています。パニュアシアスとい

サンダルを片手に持つアフロディーテ女神とエロス神。手前にパーン神。

Pisces

う叙事詩人からは、アッシリア王テイアスとその娘ズミュルナとの間にできた子供であった、と伝えられています。何でも、ズミュルナはアフロディーテ女神の祭りを怠った為、女神の逆鱗に触れ、父親に対して激しい恋慕を持つようになったといいます。父を欺いて交わったのですが、事がバレて家を出ました。父の追い手に捉えられようとする直前に、神に祈って没薬(ズミュルナ)の樹に変身しました。そして月が満ちてその幹から生まれたのがアドニスであると伝わっています。

　この没薬の樹から生まれたアドニスは人の気を誘う麗しい赤子でした。アフロディーテ女神はたちまちこの赤子が気に入ってしまい、他の神々から隠す為に箱に入れて冥界の女王ペルセフォネに預けました。泣き声がしたのでしょうか？それとも芳しい香りが気になったのでしょうか？ペルセフォネは箱をこっそりと開けてみるとかわいらしい赤子がいました。赤子のアドニスを気に入ってしまったペルセフォネはアフロディーテが戻ってきても、返そうとしませんでした。そこでゼウスが「1年を3分して、1/3はアフロディーテに、1/3はペルセフォネに、残りはアドニス本人の意思」と判断を降しました。アドニスは自分の分をアフロディーテ女神に捧げました。しかし、アドニスは地上で猪の牙によって致命傷を受けました。そのときに流れ出た血はアネモネの赤い花となったといわれています。

アプリジェント遺跡のデメテル神殿の上には
キリスト教の教会が建っている。

✦キリスト教の影響

　星座物語が流行した時代にキリスト教は生まれました。パウロによる伝導の旅をみれば、コイネーと呼ばれる共通ギリシャ語が話されていた世界での出来事であることが分かります。うお座のギリシャ語は「Ἰχθύες」となります。これがラテン語ではその頭文字が「イエス・キリスト、神の子、救世主」に当たることから、うお座は初期キリスト教徒たちの隠れた印となりました。星座の中でも特に暗いこの星座は秘標としてはうってつけだったのです。しかもキリスト教徒は、敵である死と再生に関係した太古の自然宗教に属するメソポタミア起源の「母なる女神と子」のイメージを、このような星空の暗い場所に封印したことにもなります。

　アタルガティス女神という「母なる女神と子」のイメージの変化は、紀元前2000年頃の遊牧民による破壊によって、シュメールの遺産を多く反映した時代が終り、その後、5世紀ほど経過して海洋民族フェニキア人やパレスティナ人たちの文化に残されていたことになります。何故ならば、「母なる女神と子」は「死と再生」や「新年の更新」といった自然宗教に基づくもので、永劫回帰的要素がこのフェニキア神話では残されているからです。

　ところで、パウロたちが活動した時代には、すでに分点の移動は知識人には認識されていました。この時代は春分点はおひつじ座からうお座へと移動しつつある時代でした。つまりギリシャ文化型ローマ文明が華やかな時代はおひつじ座が春分点だった時代の産物であり、次のうお座の時代にはキリスト教が救いになるのだという確信を基に地道な布教活動を続けていきました。キリスト教徒たちは、ペルガモンにある素晴らしい彫刻が彫られたゼウスの祭壇を「悪魔の祭壇」と呼んでいましたし、コリント人への手紙では偶像崇拝を攻撃する記述もあり、初期のキリスト教徒たちはギリシャの神々の偶像を傷つけ続けました。これは施政者に対する挑戦なので、迫害されるのは当然でもありましたし、キリスト教徒だけが迫害を受けた訳では無いのです。

秋の星座◇うお座 ────うお座に封印された母なる女神とその子供

うお座の星の線を結ぶのは難しい。ペガソス座の位置からおよその位置がわかる。

うお座の星座絵図。

Cepheus

ケフェウス座とカシオペア座
神々を侮蔑したカシオペア

✦秋の空を彩るエチオピア王家の星々
　秋の星空にはエチオピア王家に関係する星座たちが夜空いっぱいに輝いています。北天にはケフェウス座、カシオペア座が、共に両手を広げた姿で輝いています。母カシオペアの傍らにはその娘アンドロメダ座が輝き、ペガソス座と隣りあっています。カシオペアとアンドロメダの北東にはペルセウス座が輝いています。

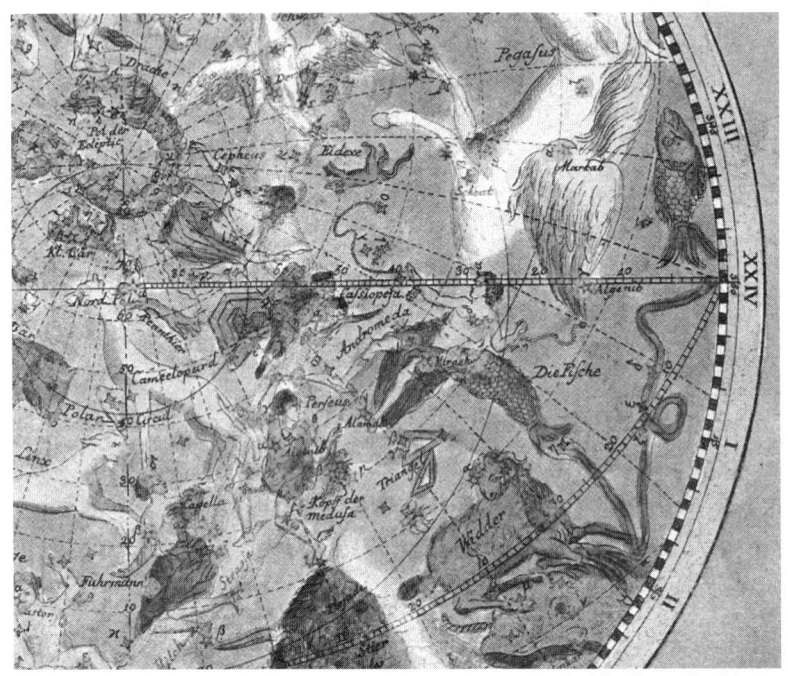

ボーデ星座絵に描かれた秋の星座たち。

秋の星座◇ケフェウス座とカシオペア座 ──── 神々を侮蔑したカシオペア

　エチオピア王ケフェウスの星座となった姿はあまり冴えていません。この星座は3等星以下の星々で構成された少々暗い星座で、潰れた5角形をしています。若干カシオペアよりも大きいので、星座絵的にはカシオペア座よりも大きく描けます。
　カシオペア座の星の並びは英語の「W」に似ているので見つけるのは簡単です。古代ギリシャ人たちは「カシオペアが玉座に座り、両手を広げた姿」を夜空に思い浮かべました。1年中見える星座なのですが、午後8時頃に見える星座として秋から冬にかけて北の空高く輝いています。

〈ケフェウス座〉
　ケフェウスは第4番目の星座だ。足から胸までが周極円内にある。残りの部分は周極円と北回帰線との間にある。悲劇作家エウリピデスによると、ケフェウスはエチオピアの王であり、アンドロメダの父だと言っている。ケフェウスは娘を化け物鯨に食べさせる為に捧げたが、ゼウス神の息子ペルセウスに助けられた。アンドロメダとケフェウス王の為にアテナ女神の願いで星座になって星々に置かれたという。
　ケフェウス座は頭に2星が輝き、両肩に1星ずつ、両手にも1星ずつ、暗い星が両ひじにも輝いている。3つの暗い星がベルトを横切っていて、肋骨の下に1星、左ひざに2星あり、足の上に4星があり、1星が足にある。全部で19星。
エラトステネス「イタスミリスミ」

〈カシオペア座〉
　カシオペア座は悲劇作家のソフォクレスによると、彼の作品「アンドロメダ」において、彼女がネーレイデスたちよりも美しいと自慢したので罰を受けた。そこで（ネーレイデスの一人が妻である）ポセイドンは怒り、化物クジラを送り込んだ。そしてカシオペアの娘アンドロメダは犠牲となって化物クジラの前に晒された。カシオペアは椅子に座った姿で娘の近くに輝いている。
　カシオペア座には頭に輝く星が1星、両肩に輝く星が1星ずつ、胸に輝く星が1星。右ひざに1星、右手に輝く星が1星、左手に輝く星が1星、へそに1星、左ひざに1星、足首に1星、また胸にある1星は暗い。左の腿に2星が明るく輝き、足に1星、座に1星、最も離れた椅子の両角に1星ずつ輝く。全部で15星。
エラトステネス「カタステリスミ」

　エチオピアのケフェウス王家にまつわる不幸な
家族の話を知らぬものはいない。王家の人の数人が
天空に輝いているのも、ゼウスの縁者であるからだった。
ケフェウスは小熊の尾端から足を伸ばした距離が、
ケフェウスの両足の間隔と同じだ。そして彼の小脇の
すぐそばには巨大な竜の初めのとぐろが迫っている。
すぐ東側には不幸な妻カシオペアを満月の夜空でも
見つけることができる。その形はジグザグの並びとなって
いて、その印象的な姿を線で結ぶことができる。閂をした
両開きドアのような姿で。そこから男達は掛け金を
思いついたのだという。その光芒は単独で存在できる
くらいの星の輝きだ。彼女は両手を広げた姿をしているが、
肩口の星の輝きは小さい。勿論、彼女は娘のことで
悲しんでいることは言うまでもない。
アラトス「ファイノメナ」179-197行

アルテミシオン沖から引き上げられた海神ポセイドン。

嘆きのアテナ女神像。

Cepheus ──── 131

Cepheus

その頃、ケフェウスのベルトは大地をかすめるように過ぎ、
上の方は海に浸っている。そして残りの足や両膝と腿が輝き、
二頭の熊が天高く輝いている。そして不幸なカシオペアの姿が
隣にあり、娘アンドロメダを急いで追いかけるように天を巡る。
ただ彼女が玉座に座った姿は、賢明に見えてこない。それは
足とひざを開いたまま、真っ逆さまに潜水夫のように
海に飛び込むからだ。せっかくドーリスやパノペーに勝る
容姿をしていたのに。今述べたような姿で、西の方へと
巡っていくが、天球には別の星座が東の空に現れる。

アラトス「ファイノメナ」649-659行

✦ ムル・アピンとエチオピア王家の星座たち

現代の秋の空に輝くエチオピア王家の星座たちとムル・アピンの星のリストでは、かなり名前が違います。ムル・アピンの最後の資料が紀元前687年になりますので、これはギリシャのアルカイック時代になります。

星座名	ムル・アピンのリスト
・ケフェウス座	・豹の一部
・カシオペア座	・豹の一部、馬（α,β,γ,δ星）
・アンドロメダ座	・雄鹿、虹、抹殺者（β星）、鋤（γ星とさんかく座）
・ペルセウス座	・老人
・ペガソス座	・野原（秋の四辺形）、つばめ（こうま座付近の星々）
・くじら座	・該当なし

このように秋の星座たちはギリシャ人によって大きく入れ替えられたことがわかります。これがいつ入れ替えられたのかは、よくわかっていません。紀元前800年のホメロス（作品の文字化は紀元前6世紀）にも、紀元前750年のヘシオドスの作品にもエチオピア王家の星座たちは登場してこないのです。紀元前6世紀から5世紀でも、アグラオステス、エピメニデス、フェレキデス、アエスキュス、ヘラニコス、そしてヘカタイオスに到る星の収集家たちであっても、資料は廃残に帰したようで、エチオピア王家の星座たちは現れてきません。唯、紀元前5世紀のエウクテモンの文献にペガソスが登場します。エチオピア王家の星座たちの登場は紀元前5世紀とするのが妥当のようです。

古代ギリシャ人の世界観では、エチオピアは最も南の国でした。この南の国の人々が、天の北極を巡る訳ですから、私としてはかなり違和感を感じます。エチオピア王家の星座たちが、極南（エチオピア）ならぬ極北（ヒュペルボレア）方向に輝いているからです。

✦ 古代エチオピアの場所

現代ギリシャでは5月に読書週間があります。アテネ市内にあるザッピオン展覧会場の公園では、市内の様々な書店の出店が並びます。或る年の夕方、私も散歩のそぞろ歩きのついでに、冷かし程度で眺めていましたが、星に関係するような書籍があると私の心は即買いモードになってしまいます。毎年必ず見学しているので、今回も何かを買うことにはなるなあ、という気持ちでいました。すると古書が並ぶ店先に「COSMOGRA-

秋の星座◇ケフェウス座とカシオペア座 ──── 神々を侮蔑したカシオペア

PHY」と書かれた大きな本が置かれていました。私は直感的に、これは!プトレマイオスの世界地図だ!とわかりました。

わかってしまえば、もう値段もみないで購入です。値段は4000ドラクマでした。当時のギリシャの物価では4000円くらいの価値ですが、これを日本円に直すと1500円ほどの値段です。実に良くできた本でした。綺麗に着色され、当時の考えが溢れ出ている傑作でした。気になる箇所は世界の果てがどうなっているかということです。コルキスやエチオピアをどのように捉えているのか、どうしても気になっていたのです。

この地図によると、エチオピアはエジプトの南部のエチオピアとそれよりも南に位置する奥部エチオピアに別れ、奥部エチオピア全体でアフリカ大陸全体を意識していたようです。

✦カシオペア像

「私は〇〇よりも美しい」という発言は、古来からいろいろ問題視されていたことがわかります。美の基準も人によって違います。それにしても神々を相手にする以上、その装飾品も考古学博物館に見られるような象牙を使用したものから、金、銀、青銅など様々な金属から作られた指輪やネックレスなどでカシオペアは我が身を飾っていたのでしょう。

実はギリシャ神話ではカシオペアの問題発言と似た話があります。

それもオリオンに関係する話です。あまり知られていませんが、オリオンにはシデ(柘

プトレマイオスの世界地図ではエチオピアはアフリカ大陸の南にあると考えられていたことがわかる。

Cepheus ──── 133

Cepheus

榴）という名の妻と二人の娘がいました。ペルセフォネが冥界で柘榴の実を食べたように、その柘榴という名前からして冥界を意味しています。またオリオンも中近東では「狩人ケッシの物語」に見るように、冥界に関係した話を持っています。

　このオリオンの妻シデも「私はヘラ女神よりも美しい」と自慢しました。その為、ヘラ女神の怒りを買い、シデの場合は殺されてしまいました。

　一方、カシオペアは神話上のエチオピア王国の人物です。ギリシャ神話「ペルセウスの冒険」の一部分の話になっています。ペルセウスは極北（ヒュペルボレアス）と極南（エチオピア）を旅し、アンドロメダを妻に迎え入れました。また、アルゴスという紀元前1000年代に繁栄した土地に縁を持っています。古代ギリシャ世界でも、アルゴスはヘラ女神崇拝の一大地方でした。黄金の雨粒で生まれたペルセウスは、ヘラ女神に対しては、ゼウスの不倫による結果なのです。けれどもペルセウスがアンドロメダを妻に迎え入れてもヘラ女神は問題を起こそうとはしませんでした。同じくアルゴスに縁のあるヘラクレスとは大違いです。

ローマに在るファルネーゼ宮の天井壁に描かれたカシオペアとケフェウス像。紀元前5世紀のギリシャ人たちは「王座の女性」とも呼んでいた。

秋の星座◇ケフェウス座とカシオペア座 ──── 神々を侮蔑したカシオペア

秋の天の川にはケフェウス座とカシオペア座が輝いている。

ケフェウス座の星座絵図。

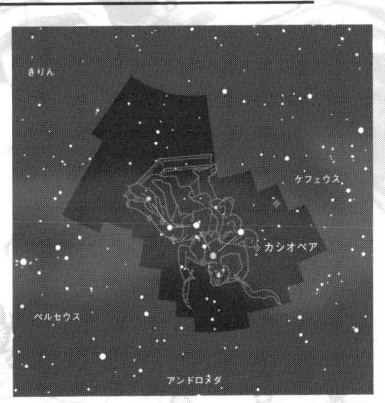

カシオペア座の星座絵図。

Cepheus ──── 135

Andrromeda

アンドロメダ座
アンドロメダの決断

✦ケフェウスとカシオペアの娘

　エチオピア王ケフェウス王とカシオペアの娘アンドロメダの姿を秋の夜空にみつけることができます。アンドロメダ座を見つけるのは意外と簡単です。先ずはペガソス座に当たる「秋の四辺形」を見つけます。この4つの星の内、西辺にある2星は、馬の首元と前足に当たります。残りの東辺の北の星は、現在ではアルフェラッツ星（アラビア語）と呼ばれ、ペガソスで言えばへその星に当たり、同時にこの星がアンドロメダの顔を表わしています。この星を基点に星が北東へと2列に延びています。これらの列の終わりが、アンドロメダの両足です。頭と足がわかることによって、アンドロメダ座の全体像がわかってきます。彼女もケフェウスやカシオペアと同様に両手を広げた姿をしていますので、その両手を表す星の列も見えてくるでしょう。そして右腕の下、腰の右には有名なアンドロメダ星雲があります。空が暗くて星がよく見える晩には、アンドロメダ星雲まで肉眼で確認できます。

　既に系外星雲という姿を知っている現代人ならば、暗い夜空に輝くアンドロメダ星雲を裸眼で確認できるのですが、アラトスやエラトステネスの作品には、アンドロメダ星雲についての記述は見られませんでした。プトレマイオスの天文学大全（アルマゲスト）の恒星カタログをみてみますと、北半球の星が360個記され、この内のひとつが星雲状と書かれています。この星雲状の天体がアンドロメダ星雲かと期待しましたが、この星雲状天体とは、ペルセウス座の2重星団のことでした。

　アンドロメダは神話ではフェウスとカシオペアの娘で、神託によって化け物くじらの生け贄とされてしまいます。彼女を襲う化け物くじらとは一体なんでしょうか？ギリシャ神話には海の怪獣は、実は殆ど出てきません。くじら座は竜や魚と犬が複合した化け物の姿で表されますが、私自身の考えでは、石にされた海の怪獣とは恐竜の化石の発見が基になっているのではないかと思います。現存の動物には当てはまらない石化した巨大な生き物として最高の例ではないでしょうか。ローマ時代ではパレスティナのヤファの海岸で恐竜の化石が見つかり、これをペルセウスが退治した化け物鯨だとする話が残されています。

秋の星座◇アンドロメダ座 ──── アンドロメダの決断

後にペルセウスとアンドロメダはアルゴス地方で過ごす。アルゴス沃野が広がる。

○星座物語(エラトステネス著「カタステリスミ」より)

〈アンドロメダ〉
アンドロメダはペルセウスの足元にある星々の間にアテナ女神によって記念として置かれた。彼女は両手を広げた姿で海の怪獣の前に晒された。アンドロメダはペルセウスによる救済によって、高い矜持を持つようになり、親元から離れることを選び、ペルセウスと共にアルゴスへ向かうことにした。エウリピデスはこの話を詳しく彼の作品で書いている。
アンドロメダ座には、頭に明るい星が1星、両肩に1星ずつあり、右の足に2星、左の足に1星、右ひじに1星、右手の先に明るい星が1星、左のひじに1星、腕に1星、手にも1星がある。腰に3星、その上に4星ある。両膝にも1星ずつあり、右の足に2星あり、左の足に1星がある。全部で20星。

エラトステネス「カタステリスミ」

その辺り、母カシオペアの下方には、痛ましい姿のアンドロメダが
夜空に浮かんでいる。私は夜空にアンドロメダの姿を見つけるのに
長い時間が必要では無いと思う。その姿は実に良くできている。
彼女の顔を表す星は明るく輝いている。その為、楽に両肩を見つけられ、
両足の先まで、そして彼女の腰の辺りも容易く見つけられるだろう。
夜空に磔にされた姿のまま、両腕を大きく広げて、縛られた
姿のまま、身動きの取れぬ姿で永遠に輝いている。

アラトス「ファイノメナ」197-204行

両手と両足、そして両肩が疲れた姿のアンドロメダは

Andrromeda ──── 137

Andrromeda

水平線の上、他の星座を下方に従えながら、磔になった姿で
夜空に現れる。その時2匹の魚は新たに水平線から昇り、
彼女の近くに輝いている。アンドロメダの右(左)手近くに魚が泳ぎ、
左側には牡羊の姿がある。そして祭壇が遅く沈んでいく頃、
東の空にはアンドロメダを救ったペルセウスの頭と肩が現れる。

アラトス「ファイノメナ」704-711行

✤アンドロメダ唯一の決断

　アンドロメダは星座物語やギリシャ神話では殆ど自己主張というものがありません。けれども唯一の決断をしています。それは「母と別れて英雄ペルセウスとの人生に賭けた」ことです。

　アンドロメダはなんの落ち度もないのに、化け物クジラの犠牲として海岸に晒されます。ものの本では衣服を着ていないバージョンまで存在します。彼女は母カシオペアの傲慢な発言の結果、その犠牲となりました。それがアンモン神の神託、即ち神の意思でした。古代では「神託は絶対」だったのです。

　我が娘を犠牲に捧げるという神託は、ギリシャ悲劇の「アウリスのイフィゲニア」にも見られます。ヘレネ奪還の為、トロイに向かうギリシャ軍はアウリスに集結し、後は風を待つだけとなったのですが、一向に風が吹いてくれません。そこで神託を伺うと、「総大将アガメムノンの長女イフィゲニアを犠牲に捧げろ」という託宣を得ました。悩んだアガメムノンは古代の慣例に倣って神託に従います。アキレウスと結婚するという名目でイフィゲニアはアウリスに呼び出されました。そして実は結婚ではなく犠牲になるという悲

アンドロメダを助け出すペルセウス。

東洋風な雰囲気を持つペルセウス像。

秋の星座◇アンドロメダ座 ────── アンドロメダの決断

「タウリケのイフィゲニア」の一場面。イフィゲニアもアンドロメダ同様に神託によって人身御供となった。

劇が明らかにされます。そして犠牲として殺される寸前に神隠しに遭います。殺されたのは鹿であり、その鹿はブラウロンにあるアルテミス女神の神域に祭られました。そしてイフィゲニアは、タウリケ(クリミア半島)まで飛ばされてしまいます。

アンドロメダの場合、天馬に乗った王子が現れます。しかも誰もが恐れる海の怪獣化け物クジラに対して敢然とバトルを繰り広げるのです。「私の為に逃げずに戦ってくれている殿方がいる!」ペルセウスの登場は、彼女にとって絶望的な状況の中での唯一の光明でした。彼は天馬ペガソスを自在に操って、海の怪獣と互角以上の戦いを展開し、最後は革袋からメデューサの首を指し出して、化け物クジラを石にして倒してしまいます。世の中の荒波を押し渡るには、勇気と武器が必要ということでしょうか。

これによってアンドロメダの人生は大きく変わりました。自らの娘を犠牲に差し出すような母と、その後の人生を送ることを想像したくはなかったのです。「ペルセウスに助けられた私は、もう昔のカシオペアの娘ではない」アンドロメダはペルセウスに共に連れていってくれと頼み、ペルセウスも美しい彼女を受け入れました。彼女の父ケフェウスの父親は神に属するので、ゼウスの血を引くペルセウスにとっても劣ることはありません。その後の二人はヘラ女神のお膝元であるアルゴスを大国にします。アンドロメダの良いところは夫に忠実なことでしょう。高貴な血筋を持っていても、夫に仕事をさせない妻とは大きく異なります。更にアンドロメダとペルセウスの血筋を遡っていくとベーロスに当たります。ベーロスはアンキノエーとの間にアイギュプトスとダナオスの双子を産みました。ベーロスの祖先はゼウスとイオの子エパポスに遡ります。そしてケフェウスもベーロ

アルゴス遺跡。ペルセウスは帰郷後はアルゴスを統治したと語られている。

Andrromeda ─── 139

Andrromeda

スの子であると悲劇作家のエウリピデスも書いています。ダナオスは50人の娘と共にエジプトからギリシャのアルゴスまでやって来て王になっているのです。その子孫がペルセウスになります。アンドロメダとペルセウスは血縁上でも関係があったのです。

一方、娘を結果的に失うのがカシオペアです。海の怪獣に食べられたとしても、ペルセウスに助けられたとしても、どちらにしても、もうエチオピアの王宮には戻ってこないのです。これによってポセイドンの怒りが収まったとみるのが適切ではないかと思います。

✤アンドロメダという名前について

ギリシャ滞在中の私は、アンドロメダという名前の女性に興味がありました。漫画家松本零士のアニメで青春時代を送っていますし、天文学の入門書には必ず掲載されるのがアンドロメダ座の星雲M31です。そしていつの間にかギリシャに滞在して、私自身が「My youth in Arcadia」を経験していました。

実際には現在でも使われる名前なのですが、私は残念ながらアンドロメダという名前の女性には遇うことはありませんでした（アンドロメダという名前の古典研究者には無くてはならない書店なら知っているのですが）。ギリシャ人の名前は定型があり、男性ならばヨルゴス、コスタス、ニコス、ヤニス、パナギオティなどが直ぐに思い浮かびます。女性ならばマリア、カテリナなどキリスト教系の名前が圧倒的に多いのですが、アルテミスとかアフロディテのように神々の名前がついた女性もいますし、デネサキス君やホメロス君といった古典古代の著名ギリシャ人の名前も見受けられます。

アンドロメダという名前は古典文献でもそれなりの数はあるはずなのですが、あまりインパクトのある女性はいませんでした。私はサッフォーの叙情詩をよく読みます。昔、お世話になった東京外語大学の沓掛教授がサッフォーの大家であったからかもしれませ

ミュケーナイ遺跡はアルゴス平野の北に位置する。ミュケーナイ時代には最大の町であった。

秋の星座◇アンドロメダ座 ―――アンドロメダの決断

アンドロメダ座。右側に輝くアルフェラッツ星がアンドロメダの頭を示す。右の腰の近くにアンドロメダ星雲が確認できる。

んし、彼女が金星や月の歌を目の覚めるような美しさで歌っていたせいもあります。その為、私はレズボス島をよく訪れました。

　サッフォーは少女の教育の為の学校を開いていました。この種の学校はレズボス島には他にもいくつかあったようです。それもサッフォーが気に入っていた少女が、同業であるアンドロメダの学校に移ってしまったことを書いた詩まで残されています。私が思い浮かぶアンドロメダという名前はこのくらいしかありません。

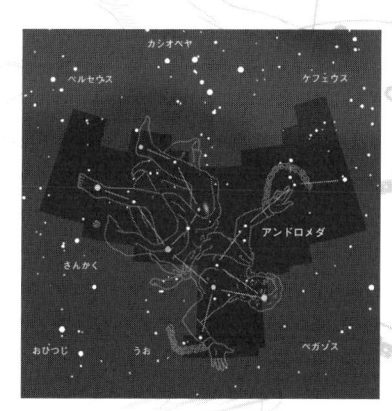

アンドロメダ座の星座絵図。

Andrromeda ―――141

ペルセウス座
エーゲ海の小島から世界の果てを行脚した英雄

✈ ペルセウスとダナエーのたどり着いた島、セリフォス島

　叙情詩人シモニデスの歌に「ダナエー」があります。幼児のペルセウスと共に箱船に乗せられてアルゴス湾から流されるという憂き目に遭ったダナエーを歌った詩で、当時から名作、傑作と謂われています。

　セリフォス島は1度は行ってみたい島でした。ここはダナエとペルセウスが辿り着いた島です。けれども1日1便。その島へは片道6時間かかります。島には空港もなく、西キクラデス諸島の僻地に当たります。大切な機材を持ったまま1人で船に乗ることは安全上、あまり好ましくありません。唯、あまりに警戒し過ぎるのは、旅をつまらないものにしてしまいます。この兼合が難しいところで、人間力というものが必要になります。

　この島を訪れるのは8月12日と決めていました。何故ならば、この晩は「ペルセウス座流星群」が極大を迎える晩なのです。ペルセウス座流星群をペルセウスに因んでセリフォス島で撮影したいという思いが常にありました。この流星群の放射点が、ペルセウスが左手に持つメデューサの首に流星の放射点があるならば最高なのですが、放射点は右ひじ辺りになります。こればかりは変えることができません。超広角レンズを使用して、景色の中にペルセウス座を入れて、うまく流星が流れればよい写真が撮れるはずです。ギリシャでは街から1時間程度車で離れるだけで、素晴らしい星空があります。しかもセリフォスのように人口の少ない島ならば、いつも以上の圧倒的な夏の天の川が見えることになります。

　あるガイドブックでは、島には小遺跡もあるということで、期待は更に膨らみます。満月の晩では流星があまり写真に写らないので、満月ではない年を狙う必要があります。私は2002年の夏にこの島を訪れました。アテネの外港ピレウス港からキシノス島を経てセリフォス島に到着します。セリフォス島で滞在後は、シフノス島を経由してミロス島の勇壮な海岸美を堪能しようと企てました。

秋の星座◇ペルセウス座 ─── エーゲ海の小島から世界の果てを行脚した英雄

ペルセウスとダナエがセリフォス島にたどり着いた場所としては島西部のメガロ・リバディが有力。近くには遺跡も存在する。

　セリフォス島に近づいてみますと、岩塊が多く、荒れ果てた島のような印象を受けました。地層の重なり具合が魅力的で、かつてこの付近の島々からは鉄鉱石が産出しました。この島には今でも積み出し用のクレーンや採掘した穴が所々に残されています。錆びついたクレーンを見ていますと、20世紀とともに取り残された印象を受けます。

　フェリーが到着するリバディ港は島の南東に位置し、港の周りはなかなか洒落ていました。私は特別な理由の無い限り、宿の予約などはしないで旅に出ます。ですから、先ずは宿とレンタカーの手配となります。エーゲ海の船旅では、港に到着するとペンションのオーナーや関係者が客引きをしています。部屋の写真とか地図も持っていますので、どのような部屋かすぐにわかります。私が下船して辺りを見回していますと、一人の少女が意を決したように声を掛けてきました。見たところ高校生のようです。夏休みで田舎に帰省中なのでしょう。私の片言ギリシャ語には流石に驚いたようです。ギリシャ語を話す東洋人は少ないので、確かになかなかあり得ない状況です。私はこの少女のペンションに泊まることにしました。少女の家族の車に同乗し、ペンション到着後は先ずシャワーを浴びました。部屋を出てバルコニーの椅子に座り、光と影と新鮮なエーゲ海の空気に包まれながら、パイプを吹かし、ペリエを飲みながら、その晩の撮影作戦を練ることにしました。

　若い少女は好奇心の塊なのでしょう。ペンションにはテリア系の犬が何匹かいて、犬を連れて私の方にやってきました。少女はナウシカといい、やはり普段はアテネで生活していました。家族そろってペンション経営も兼ねて夏の間（約3ヶ月）は島にいるということでした。彼女は更に「貴方は日本のカメラマンでしょう。お金も払うから、時間が空い

Perseus ─── 143

たら犬と私をモデルにして写真を撮ってくれ」と言い出す始末でした。

　この港から数キロ北の山を覆うようにホラ村があります。この村こそ、古代のセリフォスということのようです。港から見上げるこの村の眺めは見事なもので、確かにペルセウスの星座物語に登場する島の王ポリュフテの居城に相応しいものです。エーゲ海にある多くの島々の中でも穴場的な島だと思います。

　この島にダナエと赤子のペルセウスは漂着し、島に住む親切なディクテスの保護によってペルセウスは成長しました。漂着した場所は、恐らく島の西に位置するメガロ・リバディ辺りだと思われます。この村の岬には古代の遺跡(見張り場のような跡)があり、数十年前からホテルペルセウスがあります。村自体は実に小さな村で、島の港町と比べると人口は1/10にも満たないほどです。

　ペルセウスが長い旅を終え、エチオピアの王女アンドロメダを連れて島に戻ってみると、母ダナエーはポリュデクテス王と結婚させられる最中でした。ペルセウスは結婚式に乱入し、母ダナエーを取り戻し、恩人ディクテスがいる村まで逃げようとしました。王の軍勢も追っ手となって、彼らを追跡してきます。そこでペルセウスはかねてから用意してあった「メデューサの首」を高らかに掲げ、王や兵士どもを石に変えてしまいました。

　この決着を着けた場所は、恐らく王宮からメガロ・リバディに到る山中だったと思われます。リバディ港からは異様な石の連続が遠くの峰(山塊)に見えるのですが、島の基幹道路からすぐに辿り着ける場所ではなかったので、訪れるのを断念しました。あるガイドブックには、島の港に入る前に「ペルセウスがメデューサの首を出して兵士を石にした岩が点在する」と書かれてあったのですが、そのような岩は海上では見つかりませんでした。「点在する」というのは海ではなく遠方の山の岩塊のことだったのかもしれません。星座物語でもペルセウスが船で島から逃げ出したとは書かれていません。

セリフォス島の中心がホラ村。古代のセリフォスに当たる。宿敵ポリュデクテスの王宮は村の丘にあったと考えられる。

ペルセウスに首を切られたメデューサはキュビシスと呼ばれる革袋に入れられた。

秋の星座◇ペルセウス座 ──── エーゲ海の小島から世界の果てを行脚した英雄

　私は島の中西部にある唯一といえる遺跡でペルセウス座と遺跡と流星を撮影しようと企んだのですが、ペルセウス座が登る方向には道路が縫うように走っていました。真夏のサマーシーズン中ということもあり、車よりもバイクの交通量が激しく、ペルセウス座と遺跡の撮影には向いていませんでした。
　このように星座撮影は、常に良い撮影地に恵まれている訳ではないのです。現地の遺跡の状態を見てみないことには始まりませんし、ましてや遺跡の周りの道路の起伏など、日本にいてもアテネにいても伺い知ることは不可能に近いのです。

コリントス考古学博物館所蔵のゼウス像。ペルセウスの父に当たる。

　　ペルセウス座となった星々は、よく知られた話によって、星座として置かれた。ゼウスが黄金の雨となってダナエーと交わり、ペルセウスを身籠もったという。島の王ポリュデクテスによって、ゴルゴンのいるところまで送られた。ヘルメスは犬の革袋と空を飛べるサンダルを与えた、と歌われている。彼はまたヘファイストスによるダイヤモンドを鏤めた鎌を授かった。悲劇詩人アイスキュロスの作品「フォルキデス」に見られるように、グライアたちは、可死のゴルゴンの前で守るようにしていた。彼女たちはひとつの目しか持っておらず、それを貸しあうことによって見ることができた。彼女たちが渡しあっている時、ペルセウスは目を取り上げ、トリトニス湖に投げ入れてしまった。このようにしておいて、ペルセウスは寝ているゴルゴンたちに近づき、メデューサの首を刎ねてしまった。アテナ女神はこの首を胸につけ、ペルセウスを星空に置いた。そこにはゴルゴンの首を持った彼の姿が見えるという。
　　ペルセウスには頭に星が1星、両肩に明るい星が1星ずつ、右手に1星、ゴルゴンの頭を持っている左手に1星、腹部に1星、右の腿に1星、右ひざに1星、右のすねに1星、右足に暗い星が1星、左の尻に1星、左ひざに1星、左足に2星、ゴルゴンの首に3星あり、全部で19星ある。頭に8星、革袋に5星は見え、雲状に1星が見える。
　　　　　　　　　　　　　　　　　　　　エラトステネス「カタステリスミ」

　　彼の花嫁の足元がペルセウスを見つける案内となる。
　　ペルセウスの肩から上は永遠に夜空にあり、アンドロメダは
　　ペルセウスよりも天頂高く輝く。彼の右手には花嫁の母
　　カシオペアの玉座の方に延びていて、その足の前方で、
　　まるで追いかけていくように、ゼウスの天空を大股で移動していく。
　　　　　　　　　　　　　　　　　　アラトス「ファイノメナ」248-254行

アテナ女神像。ギリシャ神話の英雄たちにはアテナ女神の手助けが必要であった。

　　夏の遅くに祭壇が、西の地平線近くに見える頃、
　　一方の東の地平線にはペルセウスの頭や肩が見えている。
　　ペルセウスのベルトは、牡羊が現れるのを妨げるように、
　　また雄牛をも完全に昇るのを抑えているかのようだ。
　　　　　　　　　　　　　　　　　　アラトス「ファイノメナ」709-714行

✦ペルセウスの足跡
　ギリシャ神話ではペルセウスほど世界を縦横に移動した英雄はいません。極北へ出かけてグライアイに会い、極南ともいえるエチオピアにも出かけています。全ては神話的な架空の行動ですが、この世のものとも思えぬ者たちと出会い、そして戦い、勝利し

東方風の帽子を被るペルセウス像。

Perseus ──── 145

Perseus

てきました。そしてペルセウスはアルゴス地方を支配下にして子孫を増やします。例えばトロイ戦争の総大将であるアガメムノンはアルゴスの王です。ギリシャ軍の中では最大勢力を誇っていました。アガメムノンの父方はアトレウスを経てペロプス（やぎ座の項目）にまで遡り、クリュタイムネストラを妻に持つことから、彼はペルセウスの4世代後に当たります。ペルセウスの娘ゴルゴポネの子孫に当たります。

ペルセウスの物語は幾つかのパートに分けることができます。

・ペルセウスの出生とセリフォス島で成長するまでの話。
・極北に訪れ、ゴルゴンたちの居場所を聞き、メデューサの首を刈るまでの話
・エチオピアの海岸で人身御供となったアンドロメダを救出する話
・セリフォス島に戻って島の王ポリュデクテスと戦う話
・アルゴスに戻ったペルセウスがテッサリアで行われた競技会で父アクリシオスをアクシデントで殺してしまう話（予言の的中）
・ディオニュソスの儀式を嫌悪したペルセウスがディオニュソス神と戦い、八つ裂きにして冥界の入り口でもあったレルネの沼に捨て去った話（後に和解）

特にアンドロメダを救出するまでのお伽話めいた人生は、後のギリシャ人から中世の芸術家たちの想像力を強く刺激したようで、ギリシャの壺絵に始まって、様々な絵画や彫刻に到るまで多くの芸術品が残されています。

メデューサを持つペルセウスが描かれている。

ティリンス遺跡。ペルセウスは父アクリシオスを競技中に誤って殺してしまう。その為、所領をアルゴスからティリンスに移り住んだという。

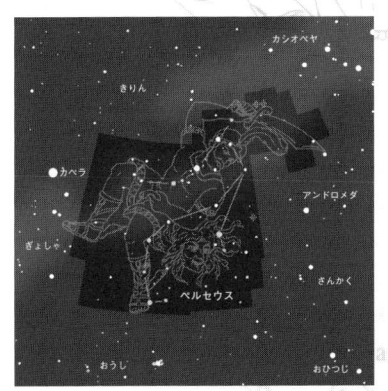

秋の星座◇ペルセウス座 ────── エーゲ海の小島から世界の果てを行脚した英雄

ペルセウス座。2等星アルゲニブを含む四辺形と手元に輝く二重星団が目印。

ペルセウス座の星座絵図。

ペガソス座
英雄を乗せ、天を駆け、敵と戦う

✦ポセイドンを父とする天空を駆ける馬

秋に輝くエチオピア王家の星座たちを先導するように、ペガソス座が天空を駆けていきます。

ペガソスの父はポセイドン神であり、そして母親はメデューサでした。メデューサは「見た者を石に変える」ということで名高く、ゴルゴン3姉妹の一人でした。元々は美しい少女であり、美しい髪を持っていたと伝わっていますが、ポセイドンの妻アンピトリテの嫉妬を買ったとか、アテナ女神の憎しみを買ったなどという理由で、二度と見たくないような醜さに変えられ、見事な髪は蛇になってしまいました。ペガソスはペルセウスがメデューサの首を切断したその時、彼女の首から飛び出したと言われています。あまりにも強烈な誕生話です。更にペガソスは母親を殺したペルセウスを背に乗せて助力したり、同族に当たるキマイラ退治にも加担しています。、よく考えてみるとおかしな話なのかも知れません。

ペガソスの父親であるポセイドン神は古くから馬と関係しています。

紀元前2000年過ぎに南下してきた原始ギリシャ人たちは海を発見し、馬を知りました。ミュケーナイ時代には至る所（ピュロス、オルコメノス、ヘリケーなど）にポセイドン信仰の跡が見られます。実は、ポセイドンには「大地の夫」としての意味があるので、海という領域よりも大地に関係しています。オリンポスの最高神はゼウスなのですが、ギリシャ人南下の第二波に当たるドーリス人による侵入以前（BC1100年頃）の社会では、ポセイドンは非常に人気がある神でした。例えばアルカディア地方にある有名なバッサイのアポロン神殿の近所にフィガリア遺跡があります。ここにはポセイドン・ヒッピオス（馬のポセイドン神）が祭られていました。このアルカディア地方は、ミュケーナイ時代のギリシャ（アカイア）人たちがドーリス人たちによって陸封されたような格好となっているので、尚更意味深い祭りです。

ポセイドンは馬と深い関係を持つ。系譜上はペガソスの父親でもある。

秋の星座◇ペガソス座 ────── 英雄を乗せ、天を駆け、敵と戦う

凹型をしたヘリコン山。叙事詩人ヘシオドスはこの山麓で詩神から霊感を与えられた。

〈うま座〉
馬はへそまでしか見えない。さてアラトスはヘリコン山の件において、(馬の)蹄で蹴ってできた泉がヒッポクレーネーの泉であると述べている。またある者たちはペガソスだという。この馬はベレロフォンが地に落とされた後で天に昇って星々となった。不運にも翼を持っていなかったからだと語る人々もいる。エウリピデスはこの馬を(半人半馬の)ケイローンの娘メラニッペーとしたかった。彼女はアイオロスに騙され捨てられた。その時、彼の子を身ごもり、山へ逃れ、そこで出産した。彼女を捜していた父が来たので、彼女は捕まらないように祈り、以前は変身したことはなかったが、馬に変身した、という。それは兎も角、彼女は敬虔さによって(動物たちの主人でもある)アルテミス女神によって、他のケンタウロスたちに見えないように、天空に置かれた。何故ならケイローンはそこに居るとされているからだ。彼女の下半身が隠されていて上半身しか見えないので、全体の姿を知ることはできないのである。

うま座の鼻に暗い星が2星、その頭に1星、あごに1星、それぞれの耳に暗い星が1星ずつ、そして首には4星、そのうち頭の前方に輝く星が一番明るい。肩に1星、胸に1星、背の下に1星、へそに輝き渡る星が1星、前足のひざに2星、それぞれの蹄に1星ずつ、全部で18星。

エラトステネス「カタステリスミ」

アンドロメダの下方には翼をひろげた巨大な馬が輝き、
胴のあたりは彼女と接している。
天馬のへそと彼女の冠をひとつの星で分けあっている。
その星から離れたところに3つの星がある。大きな光芒といい、

メデューサのモザイク画。系譜上はペガソスの母親に当たる。

Pegasus ────── 149

Pegasus

輝きといい、等しい長さの四辺形は天馬の脇腹と肩を
表している。天馬の頭部や首にはそれほど明るい星はない。
けれども首はとても長く感じる。最も遠い鼻の先にある
1星だけは、4星と明るさを競っている。4足は見えない。
へそまでの上半身で表された神聖な馬が夜空を駆ける。
そびえ立つヘリコン山に豊富な水量のヒッポクレーネーの泉が
湧くのはこの馬のおかげだ、とある人々はいう。
ヘリコン山の山頂では泉がまだ少ししか流れ出ていない時、
ペガソスが前脚で強く踏んだため、その足跡から泉が
噴出したという。また牧場の男たちは最初、馬の小川と呼んだ。
岩から清水が溢れている光景は、遠く離れたテスピアイの人々は
そこへ出かけなければ見ることができなかった。ペガソスは
その泉を見下ろすためにもゼウスの天球に輝いている。

アラトス「ファイノメナ」205-225行

ヘリコン山上で見つけた家畜用の井戸。ヒッポクレーネーの泉ではない。

✦ペガソスに乗るもう一人の英雄ベレロポン

このようにペガソスというと、星座物語ではペルセウスと結びつくのですが、博物館などを訪れ、陳列物にペガソスと男性像を見つけると、その男性はペルセウスではなく、ベレロポンであることが多いようです。

これはベレロポンの方がペルセウスよりも親しまれていたということでしょう。ペルセウスはコリントスの南方に位置するアルゴスやセリフォス島に由緒を持つのですが、あまり

ペガソスに乗って戦う英雄ベレロフォン。

秋の星座◇ペガソス座 ──── 英雄を乗せ、天を駆け、敵と戦う

リュキア地方のトロス遺跡の石棺。上にアクロポリスが見える。

に活躍する世界が広く、おとぎ話的に感じます。両者は天馬ペガソスという常人には扱いきれそうもない特別な馬を操る力量がある英雄なのですが、ベレロポンの方がより人間的なスケールの話を伴い、リュキア地方という実在の地で活躍したのです。両者の死に方も対照的です。ペルセウスは後に神託通り父を誤って殺してしまうのですが、この汚点以外は充実した一生を終えました。けれどもベレロポンは人間的な欲望から自らを失うことになります。

　ベレロポンはギリシャのコリントスで生ました。彼は秀麗な眉目と男振りがあって武術に秀で、コリントス随一の英雄となりました。コリントスにいた時、競技祭で誤って人を殺してしまい、アルゴスの王ブロイトスの許で罪を清めてもらい、この王に寄寓していました。ブロイトスの妻アンテイアがベレロポンに恋しましたが、ベレロポンは理性の塊のような男で、アンテイアに対して振り向きもしません。彼女の思うようにならない恋は復讐へと変化しました。彼女は王に対してベレロポンが如何に邪な行為を行ったか、ありもしない話をでっち上げました。この為、ベレロポンは濡れ衣を着せられてアルゴスからリュキア地方に送られました。

　こうしてベレロポンはリュキア地方のイオバテス王の元で数々の試練を受けることになります。イオバテス王はキマイラ退治を始め、アマゾン女軍の平定など数々の試練を与えるのですが、彼があまりにも見事に克服していくので不思議に思いました。逆に問い直してみると、知らされた事態とはあべこべでした。王は彼を尊敬し、娘を娶らせることになりました。

　歴史家のヘロドトスによると、リュキア地方の人々はクレタ出身のようです。リュキアもクレタも共に母権制社会という特徴を持っています。従って、英雄ベレロポン（ポセイ

コリントスにも時々ペガソスが現れたという。

Pegasus ──── 151

Pegasus

ドンの胤とも謂われる)も結局のところ所領の半分の財産しかもらえませんでした。父権制のギリシャ人社会では意外な出来事でしたのでよく取り上げられる話です。ギリシャの古典に親しんだ人々に取っては、このことはホメロスの「イリアス」にディオメデスがリュキア出身のグラウコスに出自を訪ねる有名な一場面を思い出させるようです。

リュキア地方は何よりもペガソスに乗ったベレロポンが怪獣キマイラと戦った地です。実際にキマエラ(キマイラ)という地名があり、今でも山の中腹ではメタンガスが噴出していて燃えています。

ベレロポンの最後については複数の話があり一様ではありません。そのひとつでは、ベレロポンはペガソスに乗って天高く舞い上がり、神々の寓居に到ろうと企てたので、神意によってペガソスから振り落とされ、アレイオンの野に落ちてから気が変になったとか、トロスに墜落して死んだと語られています。

ベレロフォンが退治した怪物キマイラ。

✈トロス遺跡での眺め

トルコの南西部にリュキア地方があります。私がよく訪れるカリア地方の東隣に当たります。この地方は岩が多く、海岸線は曲がりくねり、高低差も300M以上あって、難所のひとつです。ここはアポロン神に由緒を持つ地方でもあります。オルタカからフェティエに向かう途中に、トロス遺跡があります。私は遺跡に隣接したレストランを経営しているニハット爺さんに再会して、前回同様泊めてもらう予定でした。

「キマイラの火」は夜間に見学できる

遺跡には夕方到着しました。遺跡の周辺の観光地化は徐々に進んでいました。遺跡に隣接した場所はニハット爺さんの一族が取り仕切っているようで、9年前に訪れた

トロス遺跡の断崖に彫られたペガソスに乗ったベレロフォン像。

秋の星座◇ペガソス座 ───── 英雄を乗せ、天を駆け、敵と戦う

　時よりもレストランが増えていました。聞いてみると娘婿の為に新レストランを開いたということでした。当時中学生だった娘さんも結婚して新レストランを切り盛りしていました。私も年を取った訳です。幸いにもライトアップは以前のままであり、前もって夜に撮影することをニハット爺さんに告げていたので、夜間撮影の為の準備は問題なく、全て予定通りの撮影ができました。スタジアム跡で天の川を撮影し、明け方にはアクロポリスに沈む夏の星座を撮影し、薄明中にはペガソスとアクロポリスを撮影しました。

　この遺跡ではもうひとつの目的がありました。睡眠不足を承知で、翌朝はこの遺跡にあるというペガソスとベレロポンのレリーフを探しに行きました。遺跡の北東斜面の撮影になるので、午前中の太陽の光が必要です。大体の目星は付けてあったのですが、リュキア式の石棺や石窟の数は多過ぎました。以前に撮影した石窟に来てみると、赤い矢印が書いてあります。目星を付けていた場所の方へ導いていたので、これがペガソスのレリーフの場所を示すものだと直感しました。矢印を辿っていくと、ひとつの石窟に出会いました。つまりここにペガソスのレリーフがあることです。このレリーフは石窟内ではなく、外部に面した壁面にありました。獅子像があり、キマイラがあり、やがてペガソスとベレロポンも見つけることができました。想像したよりも大きなレリーフであり、無事見つけることができてホッとしました。

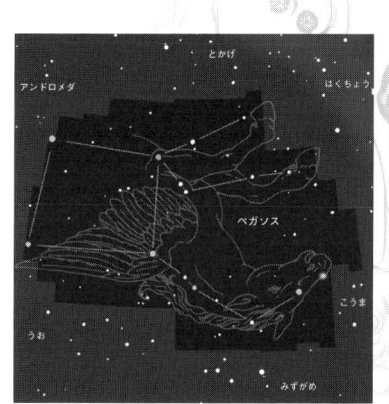

ペガソス座の星座絵図。

Aries

おひつじ座
幼い兄妹を救った黄金羊

　秋の夜空はペルセウスを中心としたエチオピア王家の星座物語で彩られています。その中でくじら座の近くにおひつじ座がひっそりと輝いています。おひつじ座を成す星の中心は、α星ハマルから始まる楔のような三角形です。確かにこの三角形は、牡羊の頭を連想させます。
　星座物語では「プリクソス」を危難から救った黄金羊として紹介され、東方のコルキ

パンアテナイア祭の行列の一コマ。羊が見える。

秋の星座◇おひつじ座 ── 幼い兄妹を救った黄金羊

イオルコス(パガサイ)郊外の劇場遺跡跡。

ス国に到着後は国王によって羊肉は焼かれ、黄金の羊毛はアレスの森に保管されました。後にこの黄金羊毛を受け取りにイアソンたちのアルゴ船冒険隊が編制されます。

　古代の星の名前を示してくれるムル・アピンでは、おひつじ座は「Anu mul lu HUN.GA」とシュメール語で記述され、「雇い夫」という意味です。この「雇い夫」という名前はどこから来たものなのでしょうか？ものの本によると、メソポタミアでは春のニサヌの月が第一月(現在の3月下旬から4月中旬)とされ、おひつじ座とくじら座の一部の星と関係していたと記されていました。同様に第二月のアイルの月(5月)ではプレアデス星団が関係し、次のシマヌの月(6月)ではオリオン座が関係していると記述されています。これらの星々はオリオン座は黄道星座でないことから、獣帯(黄道12星座)の概念を適用するのは早計すぎるようです。

　例えばウル第3王朝(BC2100年)時代の春分日(黄経0度)がいつに当たるのか、天文ソフトで計算してみると4月8日となります。シュメール時代に合わせるならば、紀元前2900年の春分日は4月14日でした。つまり現代のように3月下旬の春分日に固定するのではなく、古代の月日に合わせる必要が出てきます。シュメール時代ならば、新年の月は当時の4-5月と考えた方が適当ではないでしょうか。そうすると、ニサヌの月に関係したおひつじ座とくじら座の一部の星々は、その月の朝出の星々(明け方に最後に東の空低く現れる星々)だったことが明らかになります。次のアイルの月は麦の収穫に当たるので「人を雇って収穫に備えなさい」というメッセージが「おひつじ座＝雇い夫」として浮かんできます。

　因みに紀元前2350年の資料では幡種量に対して約80倍の収穫がありました。メソポタミアでは平原と山地で資源分布が全く異なるので、物々交換の為に大量に生産しておく必要があったのです。この膨大な小麦を集めて再分配する為に60進法が生まれました。紀元前3000年より昔のウルク文化期では48進法が使用されていました。このように60進法は莫大な麦を数える為に生まれたのであって、当初から天体観測に使

ボロス港の岸壁に建てられたモニュメント。イアソンを首領とするアルゴ船冒険隊はここから出港した。

パレルモ考古学博物館所蔵の青銅製の牡羊像。

Aries ── 155

Aries

用した訳ではないのです。

〈おひつじ座〉
この牡羊はフリクソスとヘレを乗せた黄金牡羊だと謂われている。彼らの母ネフェレ（雲）が我が子を救う為に与えた。ヘシオドスやフェレキデスが謂うには、黄金の牡羊だったという。2人を乗せた牡羊は天高く昇り、コルキスを目指した。途中で、ヘレは海へ真っ逆さまに落ちてしまった。この海域を（ヘレの名を取って）「ヘレスポントス（ヘレの海）」と呼ぶようになった。この時、黄金牡羊の角もひとつ落ちたという。海に落ちたヘレはポセイドン神に助けられ、そして身篭った。その子は後にパイオナと名付けられた。フリクソスは無事海を越え、黒海の果て（コルキス国の）アイエテス王の許に辿り着いた。（黄金牡羊は）羊毛を剥がされ、（ゼウス神殿で生贄にされた。）残された黄金羊毛は王に与えられ、王の記念品に加えられた。この黄金羊は星々の中に昇っていって、仄かな光で輝いている。
おひつじ座には、頭に1星、その後に暗い星が3星、咽に2星、前脚の先に輝く星が1星、背に4星、尾に1星、腹に3星、臀部に1星、後ろ足の先に1星が輝いている。合計17個の星がある。

エラトステネス「カタステリスミ」

カドモスの娘イノは偽のデルフィの信託を利用してプリクソスを生贄にしようと謀った。

この辺りは太陽の動きが最も早い通り道、
一年の長い軌道はここから始まる。もちろんこぐま座よりも
早く移動して、明るさもこぐま座ほど明るいわけではない。
特に月明かりのある夜はとても暗くなる星座だ。
アンドロメダ座の腰の辺りから辿り始めると、直ぐに
見つけ出すことができる。そう、彼女の直ぐ下におひつじ座は
輝いている。おひつじ座は天空の中央、丁度、サソリの爪と
オリオンのベルトとの間に輝いている。

アラトス「ファイノメナ」225-233行

✦コルキス国について

　ギリシャ神話では東の最果ての国として紹介されるのが、コルキス国です。ギリシャ神話の世界では、西にはアトラス山があり、更に西にはヘスペリデスの園がありました。北の果てをヒュペルボレアス（極北）と呼び、南の果てはエチオピアという世界観があります。

　プトレマイオスの世界地図ではコルキスはグルジア共和国に当たっていました。イアソンたちが辿り着いたパシス川は、ファフィス川と記され、この川は現代のリオニ川に当たります。古代のグルジア地方では砂金が取れました。しかも川で砂金をとる時に羊の毛皮を使用して採取していたと伝わっています。これが黄金羊毛の起源なのでしょう。

　神話物語ではコルキス王アイエテスというと、本来はプリクソスに帰属すべき黄金羊毛を取り上げているのですからあまり良いキャラクターとは言えないでしょう。コルキス国の王族たちはヘリアデ族と呼ばれ、太陽神ヘリオスの一族です。太陽神ヘリオスはティタン族の1神であり、ヒュペリオンを父に持ち、月神セレーネ、曙の女神エオスと同族です。ヘリオスはペルセーイスと結婚し、その間に生まれたのがアイエテスであり、オデュッセイアが身を寄せた魔女キルケーのことです。キルケーです。彼らの一族の特徴は魔

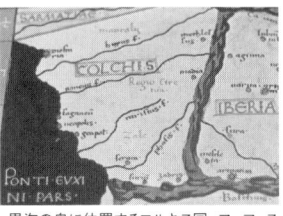

黒海の奥に位置するコルキス国。ファフィス川がパシス川を示しているようだ。

秋の星座◇おひつじ座 ── 幼い兄妹を救った黄金羊

法、または魔術を使うことです。アイエテスの娘「王女メディア」といえば、ギリシャ悲劇ではあまりにも有名です。またクレタ島のミノス王の妻は、ヘリアデ族の出身でメディアとは姉妹になるパシパエとなっています。彼女は牛と交わり、有名な牛頭半人の怪物ミノタウロスを生みました。どうやら、ギリシャ人たちにとって異国的で先進文明に見る魔術的なものとして、コルキス国のヘリアデ族と括っていたようです。

✦ヘレスポントスを渡る

　星座物語でも黄金羊毛に乗っていたヘレは、あまりにも高いところを飛んでいた為に目がくらんでしまい、落ちた海を「ヘレの海（ヘレスポントス）」と呼ぶようになりました。現在ではダーダネル海峡とかマルマラ海と呼ばれ、アジアとヨーロッパを分けています。
　私はおひつじ座の星座物語があまり好きではありませんでした。幼い娘が海に落ちて死ぬというシチュエーションに嫌悪感を抱いていたのです。けれどもエラトステネスの作品を読んでみますと、ポセイドンによって助けられたと記されています。彼の作品によって救われたような気になりました。古典文献に触れることによって、当時の様々な見解を知ることになり、現在の固定化された星座物語が解体されてゆく過程は面白いものだと思います。
　その昔、アレクサンドロス大王は、このヘレスポントスを渡る為に船を並べて板を渡して船橋を造らせました。そして師匠であったアリストテレス注釈のイリアスを片手に先頭

ヘレスポントス海を横切るフェリー船。およそ1時間から2時間で横断できる。

ナポリ考古学博物館所蔵のアレクサンドロス大王のモザイク画。

Aries —— 157

Aries

を切って渡って行ったということです。
　現代ではこの海峡の到るところに港があり、フェリーで結ばれています。ある年の私の撮影旅行でも、ヘレスポントスを渡るカーフェリーを利用しました。この海ヘレスポントスは、星座物語ではアルゴ船がコルキスに向かう為に通過した海峡です。現在では漁船の他、黒海周辺諸国の産物を運ぶ大型貨物船が行き来している交通量の多い海域となっています。
　対岸に渡った後は、ブルサを経てダーダネル海峡に面したディンディモン山とキュジコス遺跡を目指しました。以前から気になっていた遺跡で、幸いにも充実した博物館がありました。その後もダーダネル海峡に沿って西へと進みました。トロイまでの道のりは長く、どこまで行っても同じような丘陵地帯が続いています。
　キュジコスから約2時間ほど走って、ようやくトロイ遺跡観光の拠点であるチャナッカレにある豪華なホテルにチェックインしました。その後は古代遺跡があるダルダノスで再びダーダネル海峡を見て、海と家屋が隣接している日本ではあり得ない光景を楽しみました。その後はダーダネル海峡がエーゲ海に接する場所にあるアキレイオン遺跡に移動しました。この遺跡はアキレウスの墓が元になってできた遺跡のようです。

✈**山村で羊たちに出会う**
　ギリシャの郊外へ出かけると、羊飼いと多くの羊たちに出会います。早朝から宵まで羊の群を追うことはたいへんな重労働でしょう。車の通行の妨げになるのですが、羊飼いも仕事で通行しているのです。だからのんびりと構えて、運転席から羊飼いに会釈したりしてやり過ごします。ときには車外に出て羊たちの撮影をすることもありますが、恐ろしい番犬がケルベロスのようにけたたましく吠えてきます。先ずは犬に挨拶して私に犬の視線を向けた上で、羊飼いに挨拶します。すると、羊飼いはにっこり笑って私に挨拶してくれます。そして番犬たちに何やら言ってくれます。その時点で番犬は私の存在を認めてくれて、吠えなくなるから不思議なものです。
　ギリシャでは羊肉は重要な肉です。春の復活祭の時は長い時間かけて焼いた羊肉を各家庭で味わいます。こんがり焼けた香ばしい羊の肉に半切りしたレモンをたっぷりと搾って食べます。日本では肉が臭いということで嫌われますが、慣れてしまえば羊肉の美味さは堪えられないものがあります。私は羊独特の匂いの消えたパイダキ（英:ラムチョップ、トルコ:ピゾラ）を想像するとゾッとしてしまいます。

羊を焼いた料理ピゾラ（ギリシャ名はパイダキ）。抜群に美味い。

秋の星座◇おひつじ座 ───幼い兄妹を救った黄金羊

おひつじ座は3星が主なのであるが、実は意外に広い。

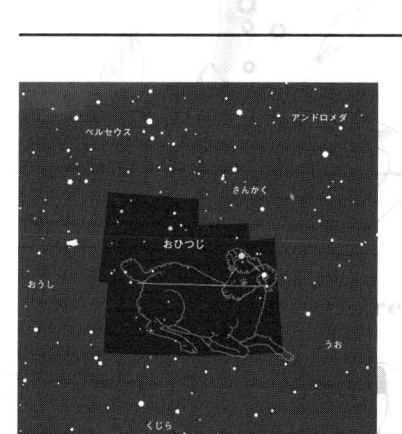

おひつじ座の星座絵図。

Aries —— 159

冬の星座
オリオンと英雄たち

冬の星座―――オリオンと英雄たち

　ギリシャでは11月から雨降りの時期に入ります。それでも日本の梅雨のようにほぼ毎日曇るというような天候ではありません。数日雨が降ったかと思うと、数日晴れています。昼に雲が発生しても、夜になれば晴れて星が見えている事が多いです。逆に5月から10月は殆ど晴れです。1年を通じて300日が晴れます。日本のように一年の半分は前線の影響を受ける多湿の環境ではありません。11月から3月は雨降りの季節というよりも、雨も降れば晴れもあるという「普通の天気」とも言えるでしょう。

　11月上旬の短い秋が終わると、アテネは冬を迎えます。「最近天気が悪くて星を見ていないなあ」と思っていると、いつの間にか夜空には冬の星座たちが輝いています。

　冬の代表的な星座は、何と言っても「オリオン座」でしょう。これほど燦然と輝いている星座は他にありません。固有運動を調べてみても10万年前と殆ど変わらない星座の形をしています。旧人類の時代から、ずっと人々はこの星座を見上げてきたことになります。

　オリオン座の目の前にはいかつい顔をしたおうし座の姿が見えます。そしてその先には可愛らしく星が集まったプレアデス星団が輝いています。逆を見ると、明るい1星が目に留まります。これは全天一明るい星シリウスです。この星はおおいぬ座の口にある星で、オリオン同様に圧倒的に深い歴史を持っています。シリウスの出現の前に現れる明るい星が、プロキオンと呼ばれています。この星はこいぬ座を示しています。星の名前の意味は「犬に先立つもの」です。そろそろシリウスが現れるという目印の星です。またオリオン座の下方には、オリオンが狩りをした獲物であるうさぎ座が輝いています。春の南の空に輝いているからす座と似たような輝きをしています。これらの星座たちが冬の星座の中核となっています。

　オリオン座の上方には、目を引く星座がふたつあります。ひとつめはふたご座です。スパルタ生まれの双子の英雄カストルとポルックスが輝いています。それぞれの星から星の線が二列に並んでいるのを確認できるでしょう。もうひとつの星座はぎょしゃ座と呼ばれ、5角形を構成していてカペラと呼ばれる明るい星が一角を占めて輝いています。

　最後になりますが、冬の星座たちが輝いている南東方向には、冬の天の川の中にアルゴ座が輝いています。アルゴ座は現在では4つの星座（ほ座、りゅうこつ座、らしんばん座、とも座）に分割されてしまいました。この船こそ、イアソンが黄金羊毛を取り行く為にギリシャ中の英雄たち50人乗り込んでコルキスを目指した快速船アルゴ号です。

＊1月、2月の夜20時から22時頃に見える星座たちを冬の星座としてまとめました。
・エリダノス座・おうし座・ぎょしゃ座・オリオン座・おおいぬ座・ふたご座・アルゴ座

Eridanus

エリダノス座
時代を追って流れを変える天空の川

✦ **暗い夜空を流れる星の川**

　星座の中で最も印象的な輝きを放つオリオン座に先立って、エリダノス座が昇ります。星座物語では延々と太陽神ヘリオスの息子パエトンの話を続けながら、パエトンが天から落ちた場所として僅か数行エリダノス(ポー)川という言葉が現れるに過ぎません。もう少し星の川としてのエリダノスを取り上げてみたいと思います。

ロードス遺跡にあるアポロン神殿。

コリントス考古学博物館所蔵のヘリオス像。

冬の星座◇エリダノス座 ──時代を追って流れを変える天空の川

　この星座を成す星々は暗い星々が多く、暗い夜空の星の川となっています。やぎ座から続いた水に因んだ星域は、みずがめ座、そしてくじら座を経て、このエリダノス座で終わります。但し、ムル・アピンにはエリダノス座に相当する星の名前が採取されていません。ですから水に因むとはいえ、エリダノス座を以て、メソポタミアで語られてきた「秋の南の空は海」が終わりになるかは意見が分かれてしまいます。

　この星の川がオリオンの左足から流れ始めることに注目すると、この暗い星々の流れを辿ることは意外と難しくありません。というのもこの辺りは星が少ないのです。暗い星を辿って行くと、自然にエリダノス座の蛇行を描くことができます。

　現存する文献で見る限り、天文詩人アラトス（BC3世紀）の叙事詩「ファイノメナ」において、最初にエリダノス座が登場します。但し、アラトスは天文学者エウドクソス（BC4世紀）の天文書「ファイノメナ」を参考にしていることから、エリダノス座が記されたのは紀元前4世紀かもしれません。

　意外なことですが、エリダノス川という星座と同名の川がアテネ市内に流れています。アテネのケラミコス地区には今でもエリダノス川の流れがあり、私は非常に驚きました。ケラミコス地区はアテネの城塞の西端に位置し、古代では墓地となっていました。近くにはディピロンと呼ばれる二重の門があり、そこからアテネの外港ピレウスに向かう道が続いていました。この古代墓地を流れるこの川は、現在では田んぼの畔というか、小さな用水のような幅約50センチほどの小さな流れですが、小魚も泳いでいました。アラトスの天文詩には「多くの涙を集めたような光」と歌われています。船旅に出かける人々を見送ったり、墓地でもあり、人々が涙を流しやすい場所でもありました。

　後に天文書「ファイノメナ」を著すエウドクソスは、医者のテオメドンの弟子として、彼が23歳の時にソクラテス学派の名声に魅かれてアテネにやってきました。およそ2ヶ月間、彼はアテネよりも物価の安いピレウスからアカデメイアまで毎日通い続けたといわれています。ケラミコス地区を流れるエリダノス川は、プラトンに一度弟子入りを断られたエウドクソスが、アテネ南西門に近いケラミコスの墓地で無念の思いを味わった涙なのかもしれません。

アテネのケラミコス遺跡を流れるエリダノス川。田んぼの畔と変わらない気がする。

パエトンの父である太陽神ヘリオス像が描かれたコイン。

〈川（ポタモス）〉
　この星座はオリオンの左足から始まっている。アラトスはエリダノス川だというが、彼は証拠となるものを残していない。多くの人々はこの川をナイル川であるという。というのもこの川だけが南から流れてくるからだという。この星座は多くの星が並んでいる。河の流れはカノープスと呼ばれる星の下方を過ぎ、アルゴ船の舵に近いところまで輝いている。この星より南に見える星はない。大地の近くで光るのでペリゲイオス（意：大地の近く）と呼ばれる。
　この星座には頭に1星、始めの曲がりに3星、2番目の曲がりに3星、3番目の曲がりに5星が輝き、「ナイルの口」と呼ばれる星が1星ある。合わせて13星。
エラトステネス「カタステリスミ」

アンドロメダの姿は、迫り来る力強い海の怪獣の姿に
おびえているようだ。彼女の姿はトラキアおろしの北風に
その身を横たえているが、南風は逆風になる。おひつじと
2匹の魚の下方、そして星の川の少し上に憎むべき
化け物くじらの姿がある。

Eridanus ── 163

Eridanus

この星の川だけは仄かな光から成り、エリダノスと呼ぶ。
多くの涙を集めたような光を、神々の足下を巡っていく。
この川はオリオンの左足から始まるが、よじれている。

「ファイノメナ」353-361行

蛇行するエリダノス川は、サソリが姿を現す頃には、
西の縁に落ちて水平線の下に沈んでしまった。

「ファイノメナ」634-635行

パルミラ遺跡にあるミトラ像。後光が見える。

✦エリダノス川について

「エリダノス川は何処か?」という疑問は、神話に興味を持つ人々の間で語られました。書き出してみると、

・イタリアのポー川(琥珀を産出)
・エジプトのナイル川
・メソポタミアのユーフラテス川
・極北国の大河(神話上)で琥珀を産出

などが挙げられます。

アラトスによって初めてエリダノス座と呼ばれましたが、彼の天文詩にはパエトンは登場しません。元々の意味は「川(ポタモス)」と思われます。これらは住んでいた人々の住環境によるものだと思われます。かつてのアテネ滞在者が「エリダノス川」と呼び、エジプト滞在者は「川」と記述してナイル川だと考える様に、紀元後2世紀のローマを中心に流行した星座物語では、この星座をポー川に例えるのは古典ギリシャ時代からの考えを汲んでいます。つまりパエトンが太陽神の馬車を操れずに天空を蛇行して西(または北)へと落ちていく姿を連想したようです。つまり、ギリシャよりも西にあり、琥珀を産出する川が候補となり、琥珀を産出するポー川が有力視されたことになります。琥珀を産出することが条件となったのは、エリダノス川のニンフが落ちていくパエトンを見て涙を流し、それが琥珀になったと伝わっているからです。

このようにローマ時代では、ポー川をエリダノス川だと考えていました。

私は何度もイタリアには出かけているのですが、フィレンチェ以北にはあまり出かけませんでした。確かに私はアウトストラーダを北へ、南へと移動していました。パダノベネタ平野を流れるポー川の橋を渡ったこともあります。けれどもこの川の撮影ができませんでした。今から思えば残念なことをしたと思います。

✦エリダノス座の流れの果てについて

エラトステネスはこの星座の星の総数を13個としていますが、プトレマイオス(AD2世紀)は34個を数え上げています。この星の個数の違いは、この星座の「流れの果ての違い」に現れています。

1)アラトスとエラトステネスの場合

文面からわかるように、エラトステネスは川の流れの果てをアルゴ座の舵の近くに置いています。またアラトスの作品では、流れの果ては語られていません。このエリダノス

冬の星座◇エリダノス座 ──── 時代を追って流れを変える天空の川

座がオリオン座の下方に回り込むというパターンは19世紀の星座絵にも残されています。

　エラトステネスの作品では「ナイルの口」の星が登場します。彼は星の川をエリダノス川ではなく、ナイル川とみています。この星は、現在のはと座の星に該当していたと思われます。はと座は古代48星座には含まれていません。アラトスの天文詩では、はと座は「名無しの星々」の一部に相当しています。この付近に星座が無いことはヒッパルコスも認めています。ローマのオウィディウスに至っては、はと座からくじら座にかけての星域をアルゴ船の航跡に例えています。

　このナイルの口を含めてナイル川で見たエリダノス座を想像してみるだけで楽しくなります。おそらく、古代エジプト人たちはオシリス（オリオン）がセトによって八つ裂きにされ、ナイル川を下ってくる場面を想像したでしょう。オシリス信仰とナイル川は彼らにとっては重要なものでした。ナイル川を冬の天の川に見立てることもできます。もちろんふたつは別だ！という意見もあるでしょう。けれどもこの2つの川は共に南から流れてきますし、またナイルデルタでは同じ川が幾重にも別れていくのですから、ナイルの支流とも考えられますから、どちらもナイル川と呼べます。現在でも中近東に住む人々はナイル川を特別な河であると伝えています。その理由もエラトステネスと全く同じで、ナイル川だけが南から流れてくるからだと言います。この時ばかりは「水は高きところから低きところへ流れる」という常識を覆された気分でした。

エリダノス川の流れがおおいぬ座の下方に回り込んでいる資料。

Eridanus ──── 165

Eridanus

2）プトレマイオスの場合

　プトレマイオスは、この川の流れをくじら座の下（南）方へと延ばし、南天の明るい星アケルナーまで延長しています。その為、星の数にかなりの差が生じました。現代ではプトレマイオスが記したエリダノス座の星々が星座絵となっています。注目すべきはアケルナーです。この星はアラビア語では「川の果て」という意味です。彼の原典「天文学大全」では直訳すると「川の最も外側にある輝星」と書かれていました。天文ソフトで当時の星空を描き出してみると、彼が活躍した時代、アレキサンドリア（北緯31度11分）ではアケルナーは観察されませんでした。どうやら、アレキサンドリアの遥か南にあるシエネ辺りでの記録を元にしているようです。

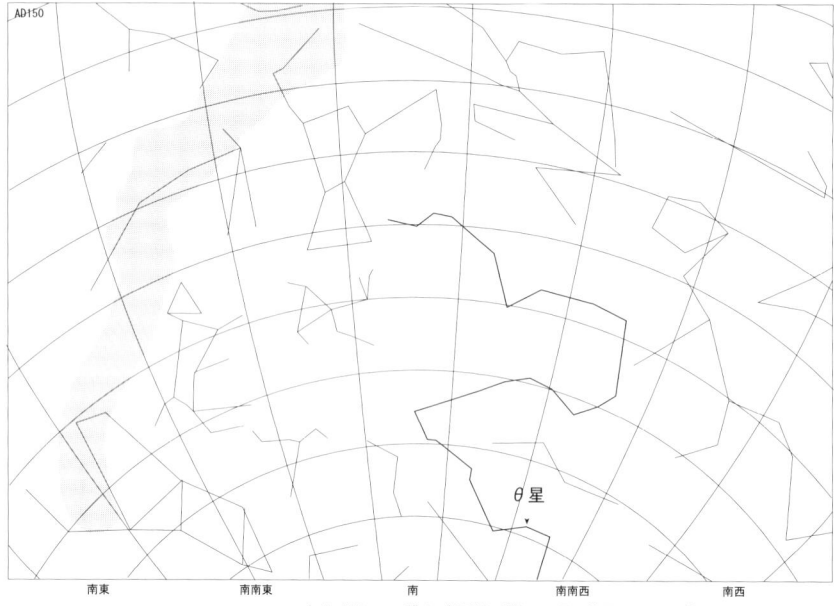

アレキサンドリアでの眺め。紀元後2世紀のθ星の位置。この星が「ナイルの口」に当たる。

冬の星座◇エリダノス座 ───── 時代を追って流れを変える天空の川

オーストラリアで撮影したエリダノス座全景。オリオン座からアケルナーまで全て含むと実に広大な星座であることがわかる。

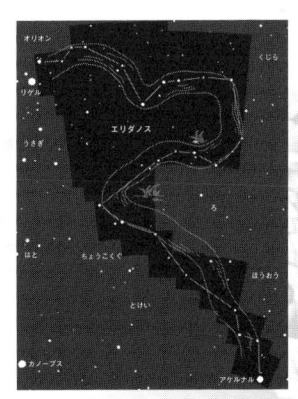

エリダノス座の星座絵図。

Eridanus ───── 167

Taurus

おうし座
雄牛が空に昇ったのはいつか——雄牛信仰

✦雄牛が宵の空に上ると雨が降る?

　この星座は獣帯星座の中ではしし座と並んで見事な姿を夜空に浮かべています。その歴史は古く、ムル・アピンにも「天の雄牛」とあり、ギルガメシュ叙事詩（紀元前2000年代の成立）に登場します。

　古代ギリシャ人たちが活躍した時代、おうし座が宵の空に現れ始めると、ギリシャ・トルコ方面では雨期が近づいてきた印でした。

　おうし座の頭を形作るヒアデス星団には、ギリシャ語で水を表す言葉を含んでいます。例えばヘラクレスが退治した水蛇ヒュドラが当てはまります。また雄牛は最高神ゼウスの聖獣であり、ゼウスが天候神であり大気中の雨と関係を持つことを考えれば、ヒアデス（つまり雨星）は実に巧い取り合わせと言えるでしょう。もちろん、ゼウスが美しい女性にすぐ恋して交わりたくなるのも、天候神としての性質によるものです。つまり雨ならぬ精子を降らせ、田畑だけでなく子孫を繁栄させる役目も負っているのです。

　エラトステネスやアラトスなど古代の星座紹介者たちは、おうし座の背中に輝くプレアデス星団を独立させて歌い上げています。

　ところでおうし座に関する記述は、ホメロスの二大叙事詩には記述されていませんでした。ヘシオドスの「仕事と日々」には1回だけ「ヒアデス（雨星）」として使用されています。星座絵のおうし座はかなり長い角を持っています。乳牛や牧牛しか見たことがない場合、なかなかイメージがわかないと思います。長い角を持つ雄牛はアフリカで多く見かけます。また、エジプトではアピスという聖牛がいました。シリウスがイシスに当たるので、デンデラ星図（BC1世紀）にはこの聖牛アピスがイシスとしてシリウスの位置に描かれています。この聖牛の角が充分に長いことに気がつくと思います。また実際にエジプトの南に位置するスーダンでは、見事な角を持つ雄牛が群れています。

雄牛に乗ったエウロパ。ピレウス考古学博物館蔵。

冬の星座◇おうし座 ────雄牛が空に昇ったのはいつか──雄牛信仰

〈おうし座〉
おうし座を成す星々は以下のように謂われている。エウリピデスの作品「プリクソス」には、エウロパを乗せてフェニキアからクレタまで海を渡ってやって来た牛であるという。この業績によって、ゼウス神はおうし座を置いたという。雄牛はまたゼウスの聖なる顕現でもある。他の人々は、この牛は牝牛のイオの姿だという。彼女の功績をゼウスが天空に留めたのだという。

おうし座の上半身で頭部に当たる星々はヒャデス(ヒアデス)と呼ばれ、背の方には七つの星から成るプレイアス(プレアデス)があり、従ってプレイアスは七つ星と呼ばれている。6星しか見えないわけではない。七つ目の星は非常に暗いだけなのだ。

おうし座は謂うような姿で7星が頭部を形作っている。そこから二本の角へと1星ずつ延びている。目の星も1星ずつ、左(右目)の星は明るく輝いている。鼻に1星、前足に1星ずつあって、これらがヒャデスと呼ばれている。そして左ひざに1星があり、胸に2星、右ひざに1星、首に2星があり、背の方に3星が離れて輝いている。腹部に星、胸に1星が輝き、全て合わせると18星。

エラトステネス「カタステリスミ」

初期のギリシャ語のAは右90度に回転したフェニキア文字と同じ形で、牛角を意味する。

ぎょしゃ座の足下には低く構える雄牛の角が探しだせる。この星座は頭の部分に特徴がある。雄牛の頭は、とても賢い星々なので、この記しほど際立った姿の星座は他にはない。それくらい真に迫っている。片側の姿しか見えていないが、多くの人々を魅了している。頭の

クレタ島のゴルティン遺跡にある劇場跡。ゴルティンでエウロパとゼウス神は結ばれた。

Taurus ──── 169

Taurus

ヘラクレスの12の功業のひとつ、クレタ島での雄牛退治の場面。

部分はヒアデスと呼ばれていることは言うまでもない。
おうし座は上半身だけしか現れていない。ひとつの星が
雄牛の角と馭者の右足を占めている。それほどぎょしゃ座は
近くに輝いている。この2星座は天空を連れ立って
移動して行くが、これらは共に東の地平線から登るにも
関わらず、雄牛の方が馭者よりも速く沈んで行く。

アラトス「ファイノメナ」167-178行

✦ 分点について

　歳差運動によって、シュメール時代の春分点はおうし座にありました。さらに昔、例えば紀元前3000年頃にはヒアデス星団の辺りに春分点がありました。メソポタミアの文明国家が遊牧民たちの襲撃を受け始める紀元前2200年頃には、春分点はプレアデス星団に近づきました。紀元前18世紀になっておひつじ座に春分点は移ります。今でも、黄道12宮の起点として春分点をおひつじ座で考える習慣が身に付いていますが、現在ではうお座からみずがめ座にかけての星域に春分点はあります。

　以上のことから、シュメール時代には春分点の概念はまだ導入されていなかったと思われます。もしも紀元前3000年紀のシュメール時代に春分点の概念が導入されてい

冬の星座◇おうし座 ─── 雄牛が空に昇ったのはいつか ─── 雄牛信仰

たならば、まだ歳差運動の説明ができなかった古代人ですから、その後の時代も春分点をおうし座と考えているはずです。この時代、1年を12に別けた楔形文字のカレンダーを見つけたとしても、黄道星座ではなく太陰暦に基づいていることになります。

✦雄牛信仰について

「雄牛信仰」と聞くと、エジプトの聖牛アピスを思い浮かべたり、インドの雄牛信仰を思い起こしますが、ギリシャ神話では、雄牛は最高神ゼウスと同一視されます。フェニキアの王女エウロパを誘拐するために雄牛に変身したり、またテュフォーンに驚いて雄牛に変身してナイル川に飛び込むという神話物語が今でも語られています。

人類が牛の家畜化に成功した時代が、紀元前6000年頃のことです。

これによって、人類は農耕のための生物トラクターを得たと言えますし、神々に捧げる最大の犠牲獣を得たことにもなります。エジプトでもギリシャでも中近東でも雄牛は特に重要視され、諸文化の最高神と結びつきました。以前、紀元前3000年頃の春分点がおうし座だったことに注目して、星辰信仰上の事象を探したこともありましたが、無駄な努力だったかもしれません。何故ならば雄牛信仰は歴史時代よりも遥か昔に遡るのです。

人類は北メソポタミアの地で、第一の農業革命である天水農業を発見しました。時に紀元前8000年頃のこととされています。羊を家畜化したのがこの頃で、時代が降って犬を飼育するのが紀元前7500年、更に牛の家畜化に成功するのが紀元前6000年のことなのです。この紀元前6000年というのは一つの大きな区切りとなり、新石器

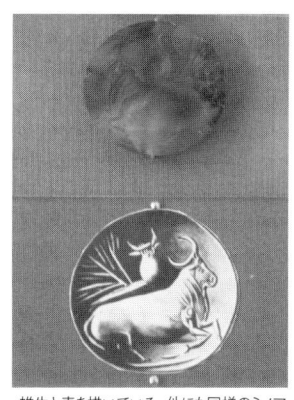

雄牛と麦を描いている。他にも同様のミノア文明時代のコインが複数見つかっている。

海を渡るゼウスが変身した雄牛とエウロパ。クレタ島南岸のマタラに上陸したようだ。

Taurus ─── 171

Taurus

時代でも土器新石器時代と呼ばれる時代に移行します。詰まる所、牛の家畜化によって、耕地が増え、収穫も増大し、収穫物をまとめておく容器（土器）が必要になったことを示しています。牛は農耕に使われ、恐らくは牛乳も飲まれていたでしょう。北メソポタミアでは半狩半農の経済から、天水農業を基にした食料生産に移行したことを示しています。この時代を土器新石器時代といいます。

　天文計算ソフトを使用して紀元前6000年の星空の配置を見ますと、歳差運動による影響が大きく見られます。初夏の麦の収穫時では、おうし座は朝出の星座として昇り過ぎていますので、まだ収穫と豊穣が結びついた雄牛信仰としてのおうし座が入り込む余地はなかったはずです。

　トルコのアンカラ博物館を訪れると、館内には紀元前5500年頃にアナトリアで栄えたチャタル・ホユック文化圏に見られる極端な雄牛崇拝の跡が展示されています。このように雄牛信仰は遥か昔から存在しているのです。確かに多くの学者は、おうし座の成立はかなり古いことは指摘してますし、その星座の星の並びから、星座としては真に迫っている印象を与えますが、遺跡や出土品からおうし座の星辰信仰は感じられません。

　時代が下り、歴史時代に入りますと、雄牛信仰には「豊穣の角」などが加わっていきます。これら豊穣の徴として、夜空には麦の収穫期である初夏の朝出の星座にはおうし座が現れています。大切に育てた麦を収穫する大事な時を空に現していたのです。夕方の東の空におうし座が現れる時は、雨降りの季節の到来も示していました。古代の農業社会では、天候神は人々の生活と直結しますので感謝されました。このように雄牛信仰と当時の星空が農耕と一致する時代になって、始めて星座のおうし座と雄牛信仰がリンクしてくるのではないでしょうか。

✤キリスト教徒による迫害

　雄牛信仰は自然宗教に関係した人類の最も古い信仰です。しかも文明以前から延々と継承されてきた古代世界のゴールデンスタンダードとも言える「豊穣と再生」に根差した信仰でした。キリスト教が勢力を伸ばすまで、ギリシャ、ヘレニズム、ローマ時代で流行した様々な秘儀の多くに「豊穣と再生」や「死と再生」のテーマが根源にありました。ギリシャ神話にもデメテル、ペルセフォネ神話やアフロディーテとアドニス神話に充分すぎるほどその痕跡を見いだせます。しかし、やがて世界のキリスト教化という古代文明の火が消える時代がやって来ます。

　紀元後4世紀末はギリシャ文化の重要な部分がキリスト教徒によって抹殺されてゆく時代でした。大きな出来事ではオリンピック競技の廃止やアレキサンドリア図書館の焼き打ちなどがあり、ギリシャ彫刻もギリシャ神殿も破壊されました。古代文化に関心を抱くものにとっては最も忌むべき時代です。

　初期キリスト教徒たちが信仰上において最も攻撃したのは、「死と再生」に関わる秘儀参加者たちであり、彼らの多くが火炙りなどにされています。

　またトルコのペルガモン遺跡に在った「ゼウスの祭壇（現在はベルリンのペルガモン博物館に所在）」はキリスト教徒によって「悪魔の祭壇」とされました。雄牛信仰も同様の結末を辿ることになります。キリスト教社会の悪魔資料として魔王サタンが雄牛の角を持つことは、ゼウスの聖獣が雄牛であるとして最大限に敵視した痕跡だといえます。

チャタル・ホユック遺跡にある3体の雄牛の頭。

ミノア文明時代の雄牛像。

冬の星座◇おうし座 ─── 雄牛が空に昇ったのはいつか ─── 雄牛信仰

おうし座全景。ヒアデス星団、プレアデス星団が見てとれる。

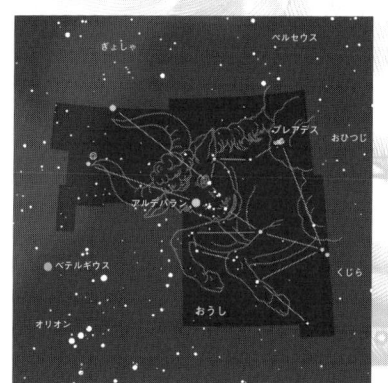

おうし座の星座絵図。

Taurus ─── 173

Auriga

ぎょしゃ座
よき大地の男エリクトニオス

✦ **戦車に乗った英雄**

ぎょしゃ座となった人物は、伝説のアテナイ（アテネ）王の一人エリクトニオスだと言われています。彼は4代目のアテネ王ともいわれ、初代のケクロプス王、クラナオス王、ア

エリクトニオスが描かれた皿絵。

冬の星座◇ぎょしゃ座 ───── よき大地の男エリクトニオス

ンピクテュオン王の次に数えられます。これらの古王の多くは大地と関係し、エリクトニオスもまた大地に関係しています。ギリシャ神話では、彼の具体的な活躍は見られないのが残念なところです。

　馬車または戦車を操る馭者が何故英雄とならなければならないのか、現代の我々にはあまりピンと来ないのですが、おそらく今で言えばF1パイロットのようなものだったのでしょう。

　戦車を扱った民族を年代順に挙げるならば、ヒクソス族（BC1730年-同1560年頃）やミタンニ王国（BC1650年-同1350年頃）、そしてヒッタイト王国（帝国期）となりますが、ギリシャではどうでしょうか？ミタンニ王国やヒッタイト王国と同時期のギリシャ本土はミュケーナイ時代でした。

　ギリシャ本土や島々では土地の起伏が大きいので、戦車隊同士の決戦はあまり考えられません。ギリシャではミュケーナイ時代から戦車は存在はしましたが、その後特別に進歩した様子はありません。むしろ、歴史に見る通り、ギリシャでは重装歩兵が進歩しました。

ミュケーナイ時代の戦車。

アクロポリス南壁にあるガイアの洞窟。

　特徴的な5角形を成すぎょしゃ座の起源は古く、ムル・アピンには「(羊飼いの)杖」と記されています。

　さて、これまで紹介してきたとおり星座にはおおぐま座やうしかい座のように二重性をもつ星座があります。このぎょしゃ座も二重性を持っています。ひとつは馭者として、そしてもうひとつは牝山羊としての星座絵を持っているのです。古代人たちは物事の現象を寓意的に考え、複眼的に物事を判断していました。

　五角形をしたぎょしゃ座を構成する星々で、もっとも目立つ星はカペラです。その独特な太い光芒は1等星に値する輝きがあります。古代ではこの星を雌山羊星とも呼んでいました。そしてカペラの隣の一角には、暗めの連星が輝いていて、カペラを雌山羊星と呼ぶのに呼応するかのように、子山羊星と呼ばれています。

〈ぎょしゃ座〉
これはヘファイストス神とガイア女神の子で、エリクトニオスといわれる。ゼウスは彼が数頭の馬をつないだ馬車を持つのを見た。輝きながら星々の中へ駆け上がるヘリオスの馬車を手本にしたと思われ、ゼウス神は驚いた。エリクトニオスはこの馬車でアテネのアクロポリスまで行進して参拝することを企画し、この街の守護神アテナ女神に対して彼の曲がった足を見せて、女神を褒め称えたという。悲劇作家のエウリピデスはその誕生をこう語る。ヘファイストスはアテナ女神が好きで、彼女と楽しみたかった。しかし彼女は処女性を好み、彼を拒んで、アッティカのどこかへ身を隠した。そこで彼はヘファイストス神殿で嘆いていたと言う。そして彼は力づくで抵抗する女神を押し倒し、欲望を満たそうとした。その時の精子が大地にまかれ、そこから子供が産まれ、エリクトニオスと呼ばれるようになった。彼は大人になるや、彼は戦車を発明し、競技者としての称賛を勝ち得た。彼はパンアテナイア競技に慎重に参加し、彼の脇には騎手がいて、小さな楯と小さな槍がヘルメットに飾られていた。これによってこの飾りはアポバテと呼ばれるようになった。
この星座に山羊や子山羊を見つけるものがいる。ムサイオスは書いている。ゼウスは生まれるやいなや、母神レアからテミス女神に授けられ、彼女はそれを雌山羊のアマルテイアに襁褓と共に渡した。この山羊はヘリオスの娘であり、ゼウスに吸わす

Auriga

Auriga

ために乳を持っていた。またクロノス神を恐れ、大地の懐に当たるクレタ島の洞窟に隠した。ガイアはゼウスとアマルテイアを保護した。ここでアマルテイアの乳でゼウスは育ち、彼はティタン族との戦いを決意した。しかし武器を持っていなかった。神託が彼に山羊の皮を盾に重ねて使うように告げた。その貫くことができない盾の裏にはゴルゴンの頭が描かれていたので、彼女を見るのが恐かった。ゼウスはそれを作り、盾はゼウス神を2倍の大きさに見せたという。ゼウスは別の山羊の皮を用意して、雌山羊を生き返らせ、不死身にした。そしてこの山羊を星々の中に置いた。またある者はオイノマオスの駅者を務めたヘルメス神の息子ミルティロスだ、というものもいる。

ぎょしゃ座には、頭に1星、各々の肩に1星。左の星は明るく「山羊」の名がある。各々のひじに1星、右手に1星、左手に2星、これらは「子山羊」と呼ばれる。全部で8星ある。

エラトステネス「カタステリスミ」

アクロポリスの北に広がるアゴラ遺跡にはヘファイストス神殿がある。テセウス神殿(テセイオン)とも呼ばれる。

しかしながらもし貴方がぎょしゃ座とこの星々を辿ろうと
願うならば、そしてもし運命を雌山羊星とその子山羊星たちに
見るならば、ぎょしゃ座はしばしば嵐が過ぎ去った暗い夜空に、
ふたご座の左手を前方に傾けながら、ぎょしゃ座の力強い輝きを
貴方は見ることだろう。おおぐま座の頭に相対しながら
天空を巡る。けれどもぎょしゃ座の左肩には神聖な山羊星がいて、
伝説が語るように、この雌山羊は乳をゼウスに与えた。
この山羊はゼウスの理解者であり、オレニアン・ゴートと

アクロポリス全景。ケブロクスなど大地神が深く関係している。

呼ばれる。雌山羊星は明るいが、ぎょしゃ座の手首に
当たるところに子山羊星が暗く輝いている。

アラトス「ファイノメナ」156-166行

✦アテネのアクロポリス散策

　アテネ観光の中心はパルテノン神殿があるアクロポリスです。シンタグマ広場から観光客通りであるキダシネオン通りをひたすら西に向かいますと、アクロポリスの東側に洞穴がひとつ見えます。アテネの初代の王ケクロプスは足が蛇だったと伝わっていますが、蛇と洞穴はクトニック（大地的）な関係にあります。道の突き当たりを左に曲がって進むと大通りに出ます。この道はアクロポリスと平行に続いています。道に沿って歩いていくと、パルテノン神殿が城壁の上に見え隠れします。南東側の麓にはディオニュソス劇場があります。この劇場の上にはもう一つの洞穴があり、トラシュロスの戦勝記念碑があります。洞穴を挟んで立派な柱が2本建っているので、この劇場を見学した際に登ってみましたが、あまり奥行きの無い洞穴でした。劇場の西側にはアスクレピオンの聖域があります。更に西に進むとヘロディス・アティコス劇場があり、夏に世界中のアーティストたちがやってきます。

　アクロポリスの入り口は西側にあります。ここから前門を通過してパルテノン神殿やそしてエレクテイオンなどを見学できます。アクロポリスの西側にはアレオスパゴスの丘があります。神話時代、テセウスのいるアテネに攻撃したアマゾン女族がこの丘に陣を敷きました。このふたつの丘の間にソリアス通りがあります。この道を少し降りかかった右手にあるアクロポリスの中腹にはパーン神の聖域があります。少し降ると左手には古代アゴラ遺跡が下方に見えます。アテネ市街も見渡せ、眺めが良い場所です。古代アゴラ遺跡の左手には、テセイオン（アテネ王テセウスの神殿）と呼ばれる小神殿が見えるでしょう。この神殿は本来はヘファイストス神殿でした。この神殿は天井まで残された珍しい古代神殿です。またヘファイストス神殿自体も数が少ないので貴重です。ヘファイストス神殿はレムノス島にある遺跡が有名ですが、神殿の基底部を残すだけとなっています。島にはカベイロス神殿なども残されています。他にはシチリア島のアグリジェント遺跡にもバルカン（ヘファイストス）神殿がありますが、こちらは基底部に加えて柱も少し残っています。私が思い浮かぶヘファイストス神殿はこの3つしかないのです。けれどもアテネ神殿はギリシャ世界のあちらこちらに存在します。数多くのアテネ神殿を私は訪れました。けれどもアテネのパルテノン神殿ほど美しいギリシャ神殿はありません。アテネは車の渋滞が激しいのですが、ふと車窓からパルテノン神殿が見えると心が穏やかになるから不思議なものです。

　古代アゴラにあるヘファイストス神殿から見るアクロポリスの眺めは素晴らしいのですが、アクロポリスの丘にある美しいパルテノン神殿を見ていると、ヘファイストス神がアテナ女神に挑んでしまうのがわかるような気もします。

✦オレニアンゴートについて

　ぎょしゃ座の星座物語には、アテネ王エリクトニオスの他にもゼウスの意思としてのオレニアンゴートの話があります。アラトスの天文詩に見るように、この牝山羊はゼウスに乳を与えたことになっています。つまりギリシャ神話で言うところの牝山羊アマルテイア

アグリジェント遺跡にあるバルカン（ヘファイストス）神殿。

アクロポリス博物館所蔵のアテナ女神像は蛇をまとった地母神的要素を持つ。

と同じ内容です。共に幼いゼウスを育てた牝山羊なのです。そしてこのアマルティアの牝山羊はぎょしゃ座の明るい星カペラとして表現されています。育てられた場所はクレタ島のイダ山の洞窟とも、ディクテ山（クレタ島）の洞窟とも言われています。

　ちなみに、クレタ島の山中には今でも野生の山羊が生息しています。立派な角を生やした山羊が険しい崖を登っていきます。山羊の乳でできたチーズはフェタチーズと呼ばれ、ギリシャ料理には無くてはならない重要なチーズとなっています。独特の匂いがあるのですが、慣れてしまうと、これはもう病みつきになるチーズです。

イダ山中にある有名な洞窟。手前にゼウスの祭壇が見える。

　牝山羊星カペラに対応するように、子山羊星という小さな2星がぎょしゃ座の一角を占めています。ぎょしゃ座が表現する雨降り星やオレニアンゴートはゼウス神と関係しています。

　そしてアラトスが天文詩「ファイノメナ」で歌っているように、おうし座とぎょしゃ座は共に連れ立って東の地平線に現れます。この両星座は天候神ゼウスが関係しています。そして夕方これらの星座が東の空に見え始める季節が11月の雨降りの時期になります。実に良くできた星空の配置というべきでしょう。

クレタ島で最高峰であるイダ山。標高2456Mある。

冬の星座◇ぎょしゃ座 ──── よき大地の男エリクトニオス

ぎょしゃ座は5角形をしている。太い光芒を放つカペラがあり、球状星団や散光星雲などを楽しめる。

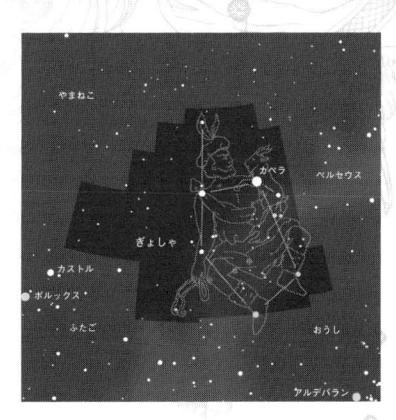

ぎょしゃ座の星座絵図。

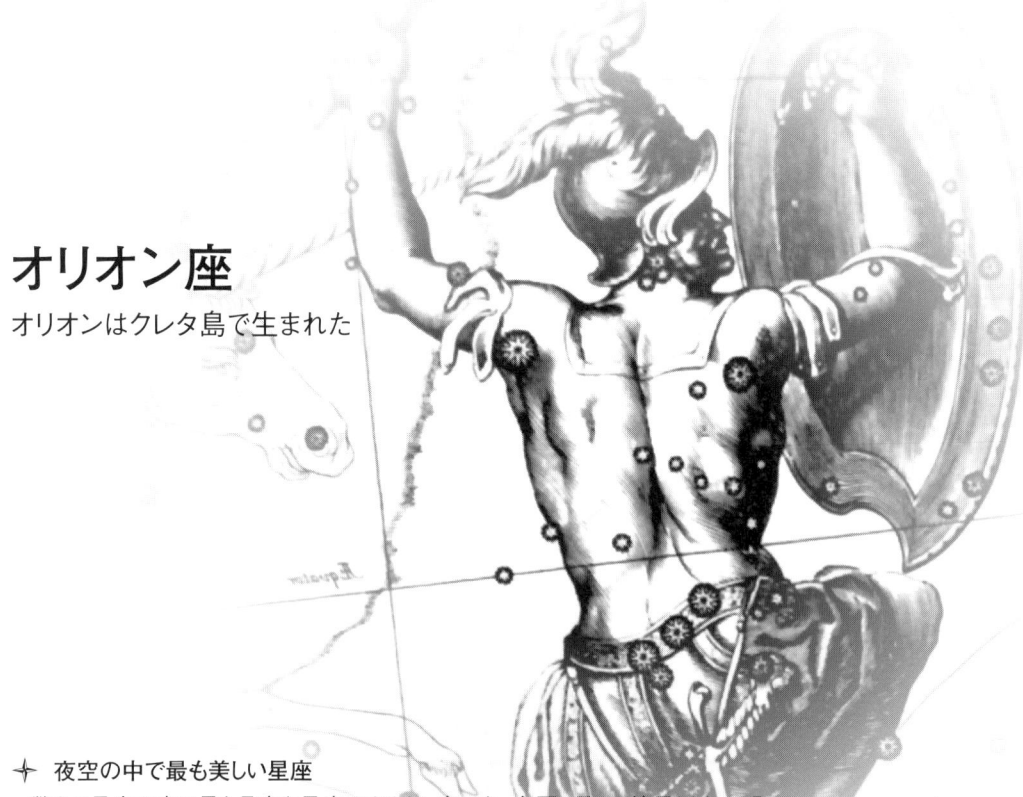

オリオン座
オリオンはクレタ島で生まれた

✦ 夜空の中で最も美しい星座

　数ある星座の中で最も見事な星座はオリオン座です。主要7星は2等星以上の明るさの星々で構成され、彼のベルトに位置する三つ星（アルニタク、アルニラム、ミンタカ）とそれらを取り巻く4星（ベテルギウス、リゲル、ベラトリックス、サイフ）は、どの星座よりも際立っています。

　私のギリシャ滞在は、その当初からオリオン座の源流を探るような行動ばかりを延々と続けていました。それは、この見事な星座が太古の昔から人々に注目されていたと確信していたからです。クレタ島、キオス島、レムノス島などを巡り、本土ではパウサニアスの資料を基にパノペウスなどを訪れました。トルコならばカリア地方を中心に巡り、エジプトやシリアにも訪れました。一番行きたかったのはイラクですが、現状ではとても行ける場所ではありません。

　ムル・アピンにもオリオンは「アヌの真の羊飼い（王）」と記載されていることから、歴史時代からその注目度は明らかにNo.1ということになります。従って、本来ならばその星座の輝きに相応しい神話物語が伝えられるべきでした。

　けれどもミュケーナイ（ギリシャ）人のクレタ島進出やギリシャ（ドーリス）人の進出とその後のギリシャの暗黒時代によって、オリオンは古典時代（BC5世紀）では非主流派の神話物語に組み入れられました。彼の星座物語はあまりにも軟弱な恋愛物語で脚色されてしまったことは返す返すも残念なことです。

〈オリオン〉
ヘシオドスが言うように、オリオンはミノス王の娘エウリュアレとポセイドンの息子であり、彼には海神からの贈り物として陸地を歩くのと同じように海面を歩行する能力が与えられた。オリオンがキオス島に赴いた時、彼はオイノピオン王の娘メローペを無理に犯した。このことはオイノピオンに知られるところとなり、女癖の悪いオリオンに対して激しく憤り、彼の目を潰して追放した。

ヘファイストス神の打つ音を頼りに放浪して、オリオンはレムノス島にやって来た。こ

キオス島のワイン畑。白ワイン用のブドウが房をつけている。

冬の星座◇オリオン座―――オリオンはクレタ島で生まれた

の鍛冶神は彼に同情して、ヘファイストスの住み処の使用人であるケーダリオンを、オリオンの道案内として与えた。斯くしてオリオンはケーダリオンを得た。彼を肩の上に乗せ、道案内とした。彼らは東の国にやって来た。そして太陽の光は彼の目を回復させた。視力を取り戻したオリオンは再びオイノピオンの元へ向かった。王は助けを求め、市民たちによって大地に隠された。

王を探すのを諦めたオリオンは、クレタ島に戻って、島の全域で狩猟生活を送り、女神レトとその娘アルテミスと共に居た。そこでオリオンは大地が産むあらゆる野獣を退治すると宣言した。この発言に大地女神ガイアは巨大なサソリを放った。サソリはオリオンに対抗して、その鋭い針で彼を刺し、オリオンは死んだ。アルテミスとレトの願いによって、ゼウスは彼を星々として置いた。オリオンの狩猟した動物も共に星座となって夜空に飾られた。

別伝ではアルテミス女神への愛が高まったからだという。その為、女神はオリオンのもとにサソリを送り、刺して殺した。このことは神々の悲しむところとなり、天空の星座となった。そして獲物も星座となった。

オリオン座には、その頭に暗い星が3星、明るい星がそれぞれの肩に1星ずつ、右ひじに1星、右手に1星、ベルトに3星、暗い星が剣に3星、明るい星がそれぞれのひざに1星ずつ、そして明るい星がそれぞれの足に1星ずつ、全部で17星。

エラトステネス「カタステリスミ」

斜めに駆け上がる4つ足の雄牛の下方には、偉大な光を放つ
オリオンが輝く。雲のない晩、空高く、強烈な光芒を放ち、
駆けて行く星座は他にはない。オリオンを眺めていると、
それだけで他の星座の輝きは色褪せてしまう。

アラトス「ファイノメナ」322-325行

そこには大地や、また大空、あるは海原、また疲れを知らぬ
太陽や、また満ちわたる月(影)が設けてあった、
また大空をぐるりと取巻く　星座の数をすべて尽くして、

オリオンはクレタ島でアルテミス女神と仲良く狩猟をして過ごした。

キオス島。オリオンはこの島の王オイノピオンによって盲目となる。

レムノス島のヘファイステオン遺跡。盲目のオリオンはこの地で両眼を復活させる方法を鍛冶神から聞き出した。

Orion ―――― 181

Orion

> 昴の七つ星やら、雨星やら、荒々しいオ—リ—オ—ンや、
> 熊の星とて、世間で人が北斗とよぶもの、この星座は
> 同じところをぐるぐる廻って、オ—リ—オ—ンを目の敵にし、
> ただ一つだけ　極洋の水へ浸りに没らないという。
> 　　　　　　ホメロス「イリアス」　第18巻　483行〜（岩波文庫　呉茂一訳）

✦**オリオンには絵画や彫刻が無い。**

　オリオンというと狩猟を思い浮かべます。確かに動物を相手にした狩りも得意ですが、その一方ではガールハントも得意だったようで、色恋沙汰ばかりが語られています。しかも英雄らしき行動といえば、メッシナ海峡のあるザンクレー（メッシナ）で護岸工事を行い、父ポセイドンの社を築いたという業績しかありません。

　実はオリオン座には計り知れない「影の旋律」があります。果たしてどれだけの人々が気がついているでしょうか？

　古代ギリシャ人たちは一般的には、非常におしゃべりな人々でした。彼らの豊かな芸術性は、後世の我々に素晴らしい建築や彫刻、壺絵などの他、多くの古代文献を残し

狩人の絵柄を見つけた。猟犬が足下にいて、ウサギを捕まえている。けれどもオリオンと断定する天空的要素が抜けている。

クノッソス宮殿。オリオンの母はミノス王の娘エウリュアレを母とするので、クノッソス宮殿で育てられたことになる。

冬の星座◇オリオン座──オリオンはクレタ島で生まれた

てくれました。しかし、ギリシャ人が得意とした芸術作品にオリオン像が皆無なのです。これは非常に注目すべきことだと私は考えます。ややお伽話的なペルセウスを中心とした神話物語であっても、彫刻や壺絵などに残されています。しかしオリオンに到っては、彫刻にしろ、壺絵にしろ、オリオンをメインとした美術品が残されていないのです。

明らかに星座としての星の輝きに反比例しています。オリオンにはおしゃべりな古代ギリシャ人たちを黙らせる秘密があるのです。そしてこの秘密に気がつくと、今まで説明不可能であった古代の謎も面白いように解けてしまいます。冬の夜空に燦然と輝くオリオン座は、後期新石器時代から帝政期ローマ時代までのおよそ5000年もの間、古代人の生活の中に溶け込んでいたことを知ることになります。

✦オリオンはクレタ島でみつかる。
様々なギリシャ神話を読み、星に関係するルーツを辿っていくと、クレタ島に辿り着き、アステリオン（星の王）という単語に出会います。しかも、ものの本にはアステリオンはミノタウロスを意味していると書かれていたりします。

オリオンは海神ポセイドンとミノス王の娘エウリュアレとの間に生まれました。つまりオリオンの祖父がミノス王だったということになり、祖母は魔女パシパエだったことになります。王はクレタ島を領有していました。王の居城は迷宮で名高いクノッソス宮殿です。父であるポセイドンは子育てをしませんから、オリオンはクノッソス宮殿で育てられたと考えられます。その後、成長したオリオンは曙の女神エオスと逢瀬を重ねました。この女神は天空神ウラノスを父に持つことからティタン族の1神です。つまりクロノス神と同世代になります。女神には年老いた夫アストライオス（星の男）がいました。ここで言うアステリオンとアストライオスは、両神とも星に関係しますが別神です。

ティタン族が支配していた時代は、一般にクロノスの治世と呼ばれ、人類は黄金時代の時期に当たりました。一方、クレタ島では母権制社会を形成した白銀時代に当たります。次にゼウス神を最高神としたギリシャ語を話す北方印欧語族がギリシャ本土に押し寄せて来ます。これがミュケーナイ人を始めとするギリシャ人です。彼らは父権制社会を構成していました。彼らが紀元前15世紀にクレタ島を攻略して、ミノア文明の素晴らしさに触れて、後に語られるギリシャ神話体系の組み換えが行われます。北方生まれの天空神ゼウスがクレタ島で幼児期を過ごすのも、ミノア文明の素晴らしさをミュケーナイ人の神話、即ちギリシャ神話に組み入れる為の措置であったことがわかります。

オリオンはミノス王を祖父に持つことからミノア人と考えられ、ミノア人たちの神話体系の中に存在していたことになります。もっともミノア人たちが「オリオン」と呼んだ可能性は低いでしょう。オリオンはメソポタミア方面では「アヌの真の羊飼い」とか「天の狩人」と呼ばれていました。またクレタ島には大猟師ザグレウスがいました。星座物語ではオリオンはアルテミス女神と仲良くなります。この島にはアルテミス女神の原形のひとつであるブリトマルティスがいました。

ミノア文明時代のオリオンは、ミュケーナイ人たちにとってはティタン族の神々に含まれると思われます。神話ではオリオンが巨人といわれるのも、ティタン族なのですから無理もない話なのです。どうやらギリシャ神話や星座物語で語られるオリオン像には、ミュケーナイ人による神話再構築によって削り取られた背景があるようです。

オリオンはメッシナ海峡のザンクレで護岸工事を行い、ポセイドンの社を築いたという。ザンクレにたたずむポセイドン像。

クレタ島の大漁師ザグレウス。両手でミノアンジェニイを2体捕らえている。

Orion ── 183

Orion

　クレタ島と星についての話はまだあります。ゼウスによって誘拐されたエウロパは、クレタ島でミノス、ラダマンティス、サルペードーンの3人の息子を産みます。その後のエウロパはこの島の王アステリオン(星の王)と結婚します。更にこの文明は紀元前18世紀頃に竜骨船を発明しました。平底船とは違い航路がブレないので等角航路を取ることができました。これによって天文航海が可能となり、地中海を我が物顔で席巻することができました。ミノア時代は他の文明よりも星に関係した文化を持っていたことを示していると言えるでしょう。

　ソクラテスらが活躍した古代ギリシャ時代では、クレタ島というとゼウス神が育った島であり、かつてエーゲ海を支配したミノス王の本拠地であり由緒ある島でした。例えば、ギリシャの地で新たに儀式を行うとき、クレタ島から神官を呼んで格式を高めていました。このことは、クレタにおける宗教的深さを古代ギリシャ人が認めていることになります。それは何故か、そして星と、そしてオリオンとどう関わるのか?ここではとても語り尽くすことができません。

パノペウス遺跡。パノペウスはこの地ではオリオンの別名。

冬の星座◇オリオン座――オリオンはクレタ島で生まれた

オリオン座。主要7星の他、腕や楯まで入れてみた(棍棒を除く)。

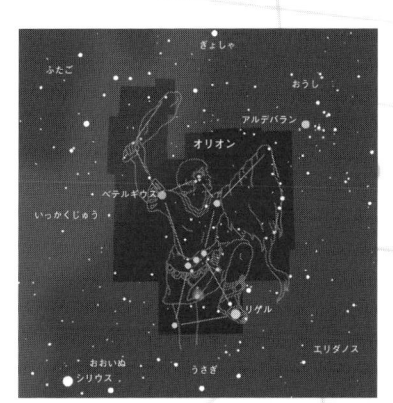

オリオン座の星座絵。

Orion ── 185

Canis Major

おおいぬ座
シリウスの朝出

✦ 全天で最も明るい星 ─ シリウス

　この星座は何と言っても「シリウス」の輝きに尽きます。

　全天で一番明るい恒星であり、明るさはマイナス約1.6等星、距離は約10光年です。かなり太陽から近い故に明るく輝いています。現代では夏休みにペルセウス座流星群を観察すると、夜明けに現れる印象的な星です。朝の2時半過ぎにオリオン座が現れ、3時過ぎにシリウスが地平線近くに輝き始めると、もう夜明けなのです。

　実はシリウスやおおいぬ座を語ろうとすると、燦然たる輝きを放つシリウスの輝きとは対照的に、あまりに物語性に欠けてるところがあります。狩人オリオンの猟犬とか、クレタの犬（ライラプス）くらいしか語られることはありませんでした。実は、この背景には古代

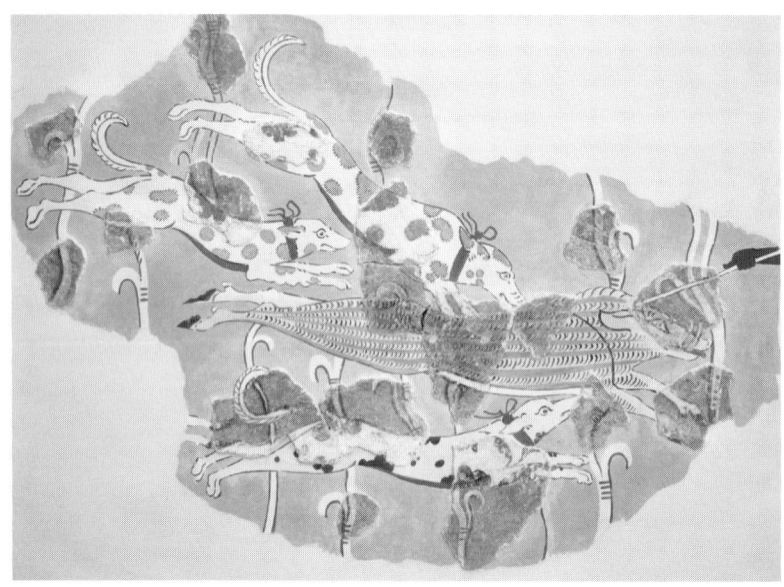

ミノア時代のフレスコ画に描かれたイノシシ狩りの様子。

世界では有名なイシスの秘儀が隠されています。

〈いぬ〉
犬の話を探求していくと、エウロペに与えられた番犬だとされている。彼女は特別な槍ももらった。後に不本意ながらミノス王が槍と犬を取り上げ、彼の病を看病してくれたプロクリスに与えた。その後、犬はプロクリスの力強き夫ケパロスに与えられた。テーベにやって来たとき、辺りには神託によって殺せないとされていた狐をこの犬が追いかけた*（絶対に捕まらない狐を必ず捉える犬が追いかけた）。ゼウスは狐と犬を石に変え、この犬の戦いを見て天に輝く星座となった。
また別の話の方がよく知られている。オリオンの犬として、オリオンについて回る猟犬となり、それはまさに地上の全ての動物たちを追いかけるようだった。この星の飼い主であるオリオンが導き、もっともらしくオリオンの足下に輝いている。
この犬の頭に1星、舌にはイシスという1星、つまりシリウスとも呼ばれる星が遥かな輝きを放っている。この星は占星術家たちからはセイリオスと呼ばれ、炎のような犬星を指す。さて舌に輝く1星の次には、喉に2星が輝き、それぞれの肩に1星ずつ暗い星々が見える。胸に2星、前脚に3星、あごの後ろに3星、腹に2星、左臀部に1星、足先に1星、右足に1星、尻尾に1星、全部で20星。

エラトステネス著「カタステリスミ」

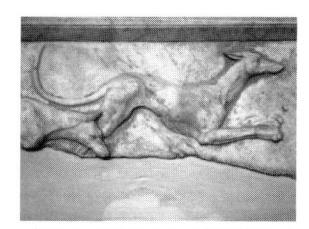

犬のレリーフであるが、クレタ島にはクレタ犬という後頭部が変化した特別な犬がいる。

猟犬がオリオン座の後方下に見られる。オリオンの隠された
足の辺りだろうか。犬星は燦然と輝いているが、まだおおいぬ座
全体の形は判然としていない。犬の腹辺りの星々は暗い星々で
構成されているようだ。あごの先端に輝き、鋭い炎のような
光芒を持つ星を人々はシリウスと呼ぶ。この星が太陽とともに
昇るとき木々は弱々しくなって精気を失い葉を落とす。
この星の輝きは他の星々を圧倒しているので直ぐに気がつく。
その輝きは或る者には力を与え、また或る者にはけたたましく
吠える。シリウスが西の空に沈むとき、我々はそれに気がつくが
おおいぬ座の他の星々はほのかで暗い光をおおいぬ座の足に認める。

アラトス「ファイノメナ」326行-337

その姿を　先ず最初に年老いたプリアモスが眼に認めた、
野原の上を　さながら星の如くに輝きわたって馳けつけるのを、──
その星こそ、晩夏の頃現れ出て、沢山な星の間に
ことさら目立って、光芒を　夜の暗闇に照り輝かせる、
して世の人から、亦の名をオ―リ―オ―ンの犬と呼ばれ、
一番に燦々しい星ながらも、禍いのしるしとされて、
夥しい熱病の気を　みじめたらしい人間らにもたらすもの、

ホメロス「イリアス」第22巻25行〜（岩波文庫　呉茂一訳）

✦シリウスについてアフリカの奥地を探っても意味がない
　古代エジプトの天文学を礼賛する人々は、イシス（シリウス）信仰の原初をアフリカの奥地に求めたり、大ピラミッド時代よりも遥か大昔からシリウスを観測したなどと平気で書いています。けれども考古学者は根拠のない話と一蹴します。私も考古学者たちと同じく根拠の無い話であると思います。
　少し思い出せばわかることです。紀元前7000年以前はアフリカ大陸には樹木があり

ました。やがて乾燥化が始まり動物たちの移動が始まります。人々は紀元前5000年頃にナイル川に集まり始めて、原始エジプト人を構成し、農耕を開始します。メソポタミアに遅れること1000年の開きがあります。ナイル川の水が退いたら農耕を行っただけです。ここではシリウスを観察したという証拠はありません。

　大ピラミッド時代はナイルの氾濫と夏至とシリウスの朝出という3つの自然界の特徴的現象がエジプトにのみ重なっていました。エジプトで暦が始まった頃(BC2779年)、メンフィスやギゼでは、この3つの現象が同時に起こっていたのです。しかも歳差運動によってシリウスは、その後は東北へとゆっくりと移動していきました。星が北に移動すれば、北半球では早く星が現れます。また星が東に移動すれば、星は遅れて昇ってきます。つまり北東に移動するということは、星の朝出時間が相殺されてしまうのです。これによって数百年間、夏至にシリウスの朝出現象が見え続けたのです。そしてこのナイルの洪水と夏至とシリウスの朝出現象の関係が崩れていくのが第五王朝時代の末期、即ちウナス王やペピ2世の時代のことです。

　勿論、出現する方位は次第に北に移動していきましたが、人々は気がつかなかったと思われます。何故ならばエジプト文明は宗教や信仰に支配されており、このような文明では観測に基づいたサイエンスは独立できないからです。

　ですから多くの著者が言う「古代エジプト人は何千年もシリウスを観測した」という根拠は、甚だ怪しいのといえるでしょう。タレースやエウドクソスがメンフィスを訪れた時代に神官が「何千年前」と言っても、彼らが生きた時代から見て2000年前ならば、ちょうど暦が始まった時期に当たります。けれども3000年前となると、シリウスを観察したという根拠はなくなります。

　原始エジプト人が農耕を始めた紀元前5000年の夏至の空を見てみましょう。この年の夏至(黄経90度)は8月1日でした。

イシス像。オシリスの妹がイシス女神だ。

紀元前5000年8月1日(夏至)AM4時18分(日の出30分前)　ギゼ

シリウス　方位角139.298度　　高度14.433度

　このように夏至よりも1ヶ月以上早くシリウスは朝出を迎えているのです。これが南方の上エジプト地方ならば、もう少し早く現れます。このような状態のシリウスには、新年を表す星としての意味を持っていません。つまり大ピラミッド時代よりも更に何千年も前か

冬の星座◇おおいぬ座──シリウスの朝出

デンデラ遺跡のイシス神殿。

らシリウスを観察なんてしていないのです。夜空にひときわ輝く星に過ぎないのです。観察しても暦上は無意味なのです。

　紀元前5000年頃、夏至の日にシリウスが朝出を向かえたのは、北メソポタミアのハラフ地方でした。ハラフ文化（BC5300年-同4500年）ではこの時期、天水農業で非常に栄えていました。これもシリウスの朝出と夏至が一致していて、一年の長さを理解できたためです。歳差運動によって、夏至と同時にシリウスの朝出が見られる地点は、経年毎に南下していったのです。これが歴史の真相です。現在の考古学は新石器時代が面白いと言われています。考古学者を悩ませているのが、ハラフ文化期の天水農業の発展について明確な理由付けが成されていないことです。けれども歳差運動を計算し、夏至の朝出の星として、シリウスが現れることに気がつくべきでしょう。

　このようにシリウス信仰をより南のアフリカ奥地に求めても意味がないのです。

✦シリウスの朝出について

　学者の古文書の引用を見ると「カエサルが活躍した時代、エジプトでは7月19日にシリウスの朝出現象が起きた」という記述が残されています。少し天文に明るければ、これだけの記述では意味を成さないことに気づくでしょう。つまり南北に長いエジプトでは、上ナイルと下ナイル地方では当然のようにシリウスの朝出の日は違っているからです。

　また「伴出日」という言葉があります。太陽の出現と共に星が見えるということらしいのですが、実際にはそのようにシリウスは見えません。見えもしない概念に縛られるのは不自然ではないでしょうか。むしろ「朝出」という概念に注目すべきだと思います。これは、そのシーズンで夜明けに最初に見える星という意味です。

　さてピラミッド時代である紀元前2650年の夏至は7月16日でした。現代ではグレゴリ

北ギリシャ（マケドニア地方）のディオン遺跡にもイシス神殿が存在する。

Canis Major ── 189

オ暦によって夏至は6月21日か22日に固定されています。前述のカエサルが活動したBC45年は6月25日が夏至でした。夏至は日にちで決めるのではありません。太陽黄経が90度に達した時が夏至なのです。

　大ピラミッド時代に目撃された夏至とナイルの氾濫とシリウスの朝出の現象は、中王国時代以降、シリウスの出現が遅くなったことで見られなくなります。現在ではシリウスは夏至からひと月以上過ぎて漸く東の空に現れます。真夏の夜、ペルセウス座流星群を見た明け方に現れるオリオン座とシリウスの輝きは、古代人にとっては遥かに神聖な光景でした。つまり新しい太陽の周期（新年）に入ったことを知らせる重要な現れだったのです。このような状態を「大いなる時」といい、ギリシャ語では「ヒエラ　オラ」と言います。まさにそれは「天空のヒエロファニ―（聖現）」ともいうべき絶対的な光景なのです。

エレウシス遺跡の建築プランはアテネ市に向けられている。そしてその延長上にシリウスが秋分過ぎの大密議の夜に現れることを知っている研究者は殆どいない。

大地（地母神）が受胎した光景だと考えている。つまりシリウスの朝出に見てとれる。

デンデラ神殿天上画のオリオン（サフ）とシリウス（イシス）

冬の星座◇おおいぬ座―――シリウスの朝出

おおいぬ座の星々。白く大きく光る星がシリウス。ギリシャ語はセイリオス（燃え焦がすもの）。

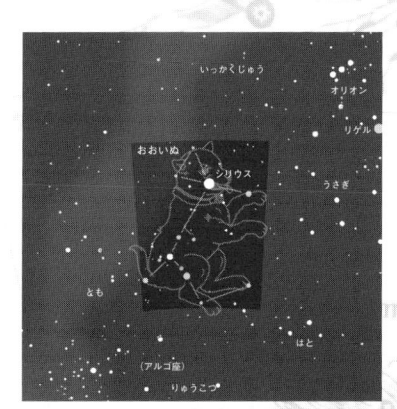

おおいぬ座の星座絵図。

Canis Major —— 191

Gemini

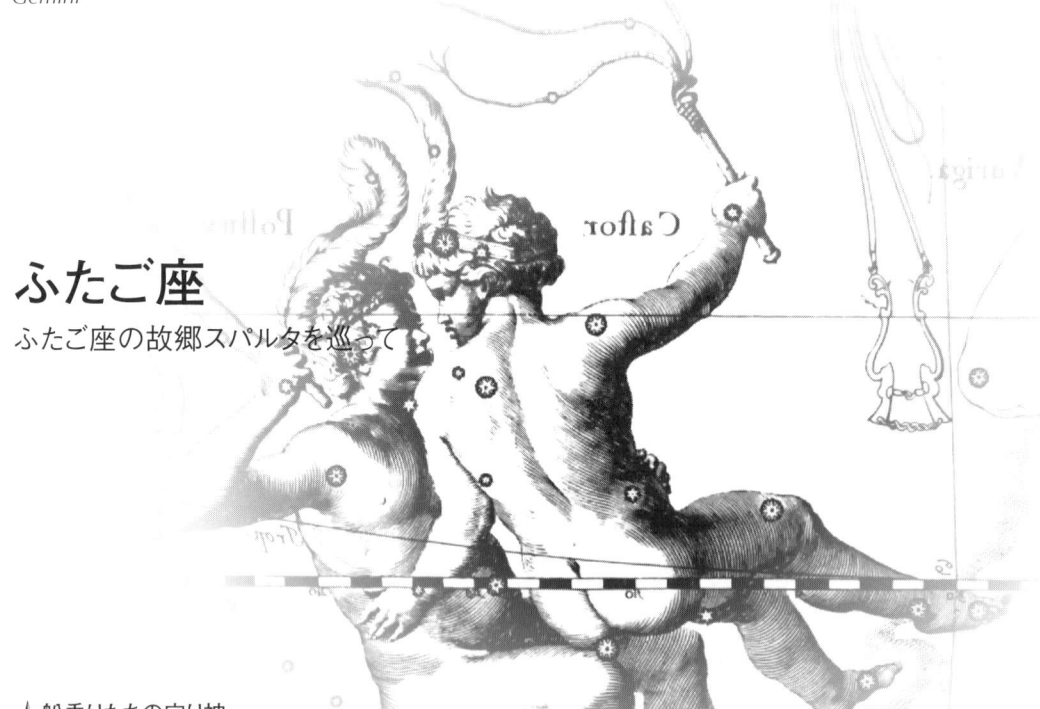

ふたご座
ふたご座の故郷スパルタを巡って

✈ **船乗りたちの守り神**

　星が2列に並ぶこの星座の見事な星列は、夜空に容易に双子の姿を連想させます。

　ふたご座は天頂近くを通過して大きな弧を描いて沈んでいきます。数ある星座の中でも人々の意識に残りやすい星座のひとつです。隣り合う1等星カストルとポリュデウケス（ポルックス）の2星は、印象的な輝きを放ち、水夫たちを海難から保護してくれたり、船の舳先にあって船を導くセントエルモの火として解釈されたりもします。ギリシャ神話での彼らの行動は常に共だっていて慈善的です。しかし海での航海を扱いながら、この双子の兄弟が、海神ポセイドンよりもゼウスの方に関係していることは些か妙な構成です。

　彼らの神話を歴史に当て嵌めるならば、トロイ戦争直前の紀元前1200年頃の話となりますが、スパルタのカストル兄弟と争うメッセニアのイダス兄弟がポセイドンに関係があり、近郊のピュロス（トロイ戦争時のギリシャ側の老将ネストールの居城で名高い）では明らかにポセイドン信仰が見られることから、ドーリス人侵入後のペロポネソス半島南部のギリシャ社会で、スパルタやアルゴスを中心とした神話の変容（ポセイドン信仰よりもドーリス人によるゼウス信仰）があったことが伺えます。

　古典の世界では男性の双子はディオスクロイと呼ばれ、「神の子供たち」を意味しています。現代ではカストルが兄という説明ですが、古典期のギリシャ時代の文献には双子としか書かれていませんでした。ホメロスのイリアスには2人は人間であると書かれ、ホメロス風諸神賛歌には2人ともゼウスの子であり、不死であったと書かれています。このように本来の説明はバラバラなのです。

　またスパルタのカストルとポリュデウケスだけがそのように呼ばれてきたのではなく、後述のメッセニアのイダスとリュンケウス兄弟も双子でしたし、テーベにはアンピオンとゼトスという双子もディオスクロイと呼ばれました。ラテン語や英語のジェミニ（Gemini）の方が聞きなれていると思いますが、この2人の英雄を長く語り伝えてきたのはギリシャのスパルタ人たちでした。ディオスクロイ信仰はローマにそのまま受け継がれました。ローマにもディオスクロイ神殿が見られます。

美女ヘレナとディオスクロイ（カストルとポリュデウケス）。

冬の星座◇ふたご座―――ふたご座の故郷スパルタを巡って

スパルタ考古学博物館所蔵のディオスクロイ（カストルとポリュデウケス）。

アルカイック風のディオスクロイ（双子）。

〈ふたご座〉
これらはディオスクーロイと呼ばれていて、ラコニア地方で手厚くもてなされている。万事によく耐えうる兄弟愛によって、問題を起こすわけでもなく、他の人と争うこともなかった。ゼウスは彼らのことをよく覚えていて、喜んでふたご座の星域に二人を星座として置いた。

ふたご座はかに座の上に輝いている。頭に輝き渡る1星（カストル）があり、両肩にも1星づつ、右のひじに1星、両ひざに1星づつ、両足に1星づつ輝いていて、全部で9星ある。また頭に輝き渡る星が1星（ポリュデウケス）、左肩に1星輝いていて、胸に2星、左のひじに1星、最も遠い手に1星、左のひざに1星、両足に1星づつ、更に左足の下方に1星が輝き、プロプースと呼ばれている。彼の星は10星ある。

エラトステネス「カタステリスミ」

大熊（ヘリケー）の下方にふたご座が輝き、大熊の下方にはかに座が
輝いている。更にその下方、おおぐま座の背後には、明るく
輝く獅子の雄大な姿がある。この辺りは太陽の最も高い通り道。
太陽が初めてしし座に接する時、畑は乾ききる。その頃には
夏の強い北風がエーゲ海一帯に吹き荒れ、オールによる航海はできない。
そこで中のうつろな船は、この強風の中で舵取りの舵任せとなる。

アラトス「ファイノメナ」147-155行

「ただ二人だけ、兵どもを統べ整える大将に見つからない者がおります。
馬を御するカストールと、拳闘に強いポリュデウーケスと、
私と同じい一人の母が産みました　同腹の兄弟二人が。
あるいはたのしいラケダイモーンから　従軍して参りませんのか、
それとも海原を渡る船には乗って　此処へまでは来ましたものの、
今更に私にかかる　山ほどな辱しめの咎めだのを　恐れてからに、
もののふどもが戦いの仲間に入るのを　望まぬのでもございましょう。」
こう言ったが、その二人はもう　生類を産み出す大地がそのまま
ラケダイモーンに、おのがいとしい父祖の郷へ　埋め込んでしまっていた。

ホメロス「イリアス」第三巻　234-245行　ヘレナの言葉　（岩波文庫　呉茂一訳）

Gemini ―――― 193

✈ ラコニア地方でのふたご座の眺め

　実際にスパルタを訪れると、西に荘厳で男性的な名峰タイゲトス山が聳えています。私はこの山を見ると、八ヶ岳を思い出します。そして東には、マレア岬に通じる女性的なパルノス山がなだらかに続いています。この2大山地に挟まれた肥沃なラコニア平野があり、そこにラケダイモン（スパルタ）の国がありました。

　現代のスパルタ市は人口約18000人ほどの都市ですが、2500年前は約5万人のスパルタ人がいたようです。市の周囲はオリーブやオレンジなどの樹木で取り囲まれていて、町を離れるだけで見事な星空が今でも見られます。

　スパルタの古代遺跡は、町の中心部よりも北にあり、他にエウロタス川沿いに点在しています。

　アクロポリスは町のメインストリートの北に学校があり、「来たりて、取れ」と刻まれたレオニダス像があります。その向こうに丘が見えます。この丘がスパルタのアクロポリスです。学校の西側から迂回するとアクロポリスに辿り着けます。

　アクロポリスの規模は大きくはありません。古代スパルタ人の質実剛健な気質が見えてきます。

　町の中心にあるスパルタ考古学博物館を訪れると、その質実さ故か、陳列物も質素

スパルタのアクロポリスから勇壮なタイゲトス山の山並みを臨む。手前には劇場跡が広がる。

冬の星座◇ふたご座―――ふたご座の故郷スパルタを巡って

メッセニア遺跡。カストルとポリュデウケスはメッセニアの双子の英雄イダスとリュンケウスと戦い、終末の運命を受け入れる。

な気がします。その中でもディオスクロイやヘレナに関係した出土品が12神よりも多く見られました。この地では確かにカストルとポルックスの双子の英雄が祭られていたことがわかります。しかし、周辺にディオスクロイ神殿は見当たりませんでした。このときスパルタの博物館で見たヘレネとディオスクロイの壺絵も、現在ではアテネ考古学博物館に移されました。

　現代ではスパルタを離れてかなり南下しないと、ふたご座とタイゲトス山と組み合わせた構図の作品は撮影できません。この構図を実現しようとすると、ゴラニ村という片田舎に行く必要があります。仮に紀元前7世紀頃のスパルタでの西の星空を天文ソフトを利用して描き出してみても、ふたご座は、歳差運動によって傾きや沈む月日こそ違っても、方位はほとんど変わりませんでした。この星座は常にスパルタからは西北西の方角に沈んでゆくのです。ではその西北西の方角に何があるのか？地図上を延長してゆくとメッセニアに到ることがわかります。この方角こそタイゲトス山の北の外れであり、メッセニアへ向かう道がある方角なのです。スパルタは南方のヘロス（ヘロットの語源：現エロス）村に到るまでを紀元前8世紀までに征服し、メッセニアを2期（BC743年－同724年、BC660年-同650年）に渡る攻撃を仕掛け、陥落させています。スパルタでのディオスクロイの話も、戦意高揚の為の地方的なアジテーションだった可能性もあります。つまり冬が終わって新しい節目を迎える春の夕方にタイゲトス山に沈むふたご座は、メッセニアの双子の英雄イダスとリュンケウスにカストルが殺されたことを痛烈に思い出させたのかもしれません。何しろふたご座が沈む方角に宿敵とも言えるメッセニアが位置しているのですから。

✈歴史時代でのディオスクロイの顕現

　カストルとポリュデウケスは伸るか反るかの大博打の時に現れたと伝わっています。

スパルタ王レオニダス像。

Gemini ―――― 195

Gemini

シチリア島アグリジェント遺跡にあるディオスクリ（ディオスクロイ）神殿。

　紀元前405年、スパルタの将軍リュサンドロスがアイゴスポタモイの海戦が始まる直前、リュサンドロスが乗船する旗艦の上で、舵輪の両側にふたつの星が現れたといいます。この戦闘に勝利した後、デルフィに奉納したリュサンドロスの彫像にはディオスクロイの徽として黄金の星が2個付けられました。その後のレウクトラの戦いでエパメイノンダス率いるテーベ軍に敗北を喫した時、リュサンドロスに付けられていた黄金の星が無くなっていたと伝えられています。

　ローマではレギルス湖の戦闘で白馬に跨がった2人の美丈夫が突然現れて、ローマ軍を勝利に導きました。また紀元前168年のピュドナの戦いやゲルマンのチンベルン軍との戦いでも、ローマ軍側はディオスクロイ兄弟を見たとされています。

✈英雄神殿が残るシチリア島

　イタリア半島のつま先の先にあるシチリア島は、今でも多くのギリシャ神殿が残されています。

　私は車で移動しながらイタリア巡りが好きなのですが、シチリア島には好きな遺跡が山ほどあります。というか、全ての遺跡が好きなのですが、特にこの島にはギリシャ本土では見ることの無い規模のヘラクレス神殿やディオスクロイ神殿があります。

　そのひとつは「神殿の谷」で名高いアグリジェント遺跡にあります。ヘラクレス神殿（BC510年頃）は正面6本、側面15本、計42本ある大型の神殿（25.34×67メートル）です。ディオスクロイ神殿（BC460年-同440年）も正面16.63メートル側面38.69メートルあります。

シチリア島セリヌンテ遺跡にあるディオスクリ神殿A。

同じくシチリア島セリヌンテ遺跡のディオスクリ神殿B。

冬の星座◇ふたご座―――ふたご座の故郷スパルタを巡って

　もうひとつセリヌンテ遺跡にもディオスクロイ神殿があります。こちらの方は小さな神殿ですが、双子ということで、ふたつの小神殿があります。どちらかがカストルで、一方がポリュデウケスなのでしょうが、今となっては知ることが出来ません。どちらも海岸に近い帆立貝のような形をしたアクロポリスにあります。

　さてこのようにシチリア島にディオスクロイ神殿が存在したのも、ドーリス系の植民地であったことが理由のようです。確かに紀元前5世紀後半に起きたペロポネソス戦争では、セリヌンテとアグリジェントはスパルタ側に加担していました。

ふたご座。カストルとポルックス（ポリュデウケス）からそれぞれ星が二列に並んでいる。

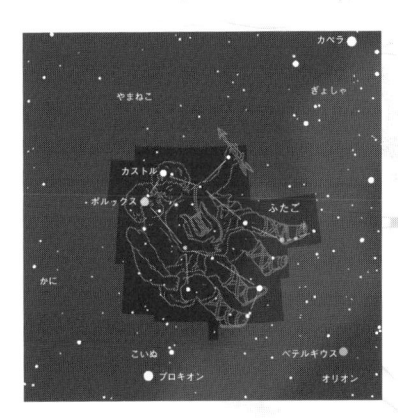

ふたご座の星座絵図。

Gemini ―― 197

Argo Navis

アルゴ座
ギリシャの50人の英雄を乗せた快速船

✦ 夜空を行く船「アルゴ号」

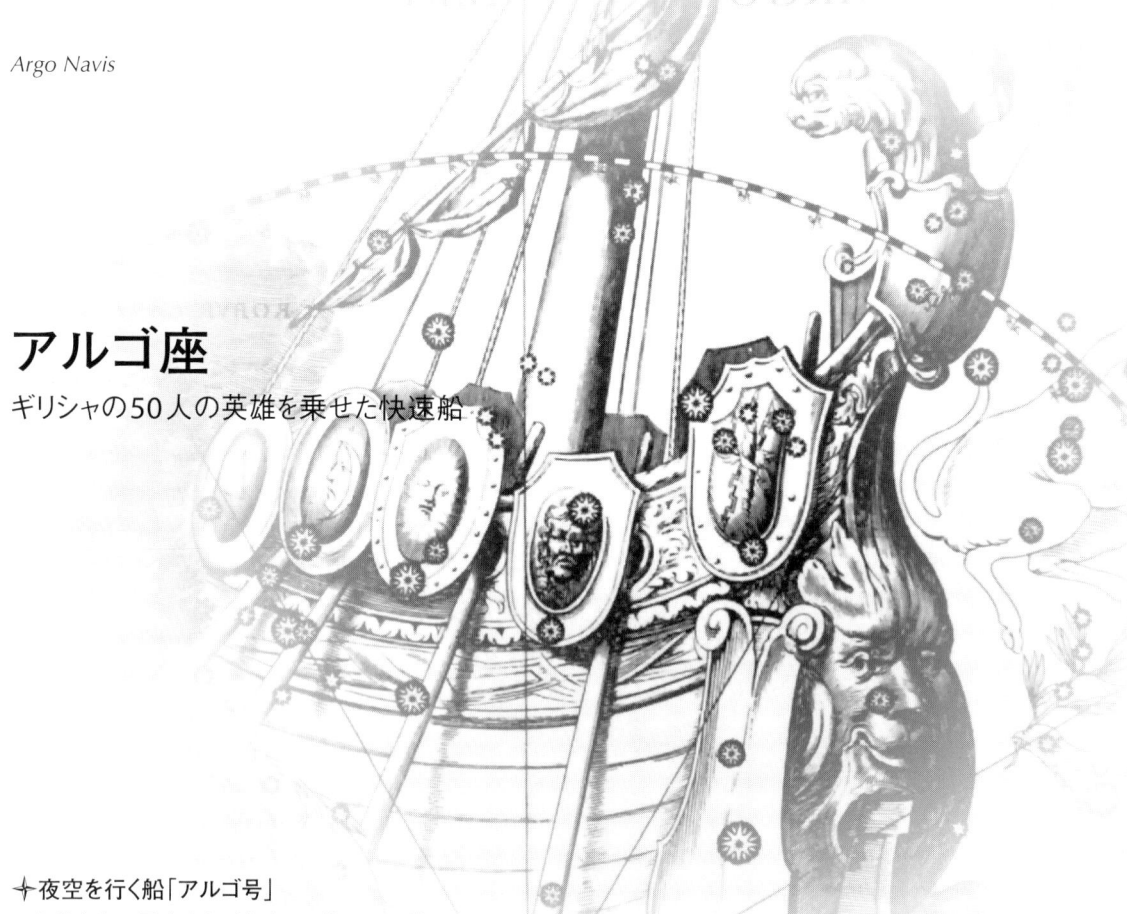

豪華な冬の星座たちが南中した後、アルゴ座がゆっくりと昇ってきます。

「アルゴ座」とは何でしょうか?

星座の名前としてはあまり聞いたことがないと思います。何故ならば、アルゴ座という名前は現在では使用されることが殆ど無いからです。ギリシャ神話ではイアソンがコルキスまで出かけて黄金羊毛を取りに行く為に、ギリシャ中の英雄たちを呼び集めました。彼らを乗せた快速船アルゴ号が星座となって輝いているのです。

アルゴ座は角度にして約75度に及び、天の川に面して星が多い星域でした。しかし18世紀にフランスの天文学者ラカーユによって、ほ座、りゅうこつ座、らしんばん座、と

紀元前18世紀。クレタ島のミノア(ケフティウ)人たちは龍骨船を発明。海上貿易によって栄えた。

も座という具合に4分割されてしまったのです。おおいぬ座の下方にとも座があり、その下には有名な星カノープスを持つりゅうこつ座が昇って来ます。その頃には、ほ座も昇っています。その脇にはらしんばん座が姿を留めています。これらアルゴ座を成していた4星座は冬の天の川を背景にして輝いているのですが、星たちの輝きは弱く、その多くは4等星前後の星々から成っています。

　星座を歌い上げた詩人アラトスは、アルゴ座が後部しか確認できないことに注目しています。この詩人が注目したように、現代でもこの星座は後ろ姿で舵が西側で描かれています。星は西へと動くのですから、後進しているように見えてきます。幸いにも日本とギリシャは緯度的にはほぼ同じなので、見え方も同じになります。もちろんアラトスが生きていた紀元前3世紀頃には、この星座は海面に浮いているように南の水平線上に見えていました。そして現代のアルゴ座の光景は、歳差運動によっていささか沈みかけた船のように見えます。

　　〈アルゴ〉
　この星座はアテナ女神の意思によって夜空に置かれた、と後代の人々が明言している。この船は最初に建造された船で、まだ誰も渡ったことのない航海に出ることができた。またこの船は人語を発したという。この船の姿は星々の間に全てみえるのではない。舵と帆までがよく見え、これに沿うように櫂が出ている。海上にいる漕ぎ手たちを奮い立たせるのだろうか、神々の星々の中に、永遠にその功績を残している。アルゴ座には船尾に4星、櫂に5星、その反対に4星が輝き、そして帆の高所に3星あり、船体に5星、6星が連なって竜骨の下に輝く。全部で27星ある。
　　　　　　　　　　　　　　　　　　　　エラトステネス「カタステリスミ」

　　大犬の尾の脇には、船尾を前にして後ずさるアルゴ船が輝く。
　　その姿は真っ直ぐに帆走する姿ではなく、後ずさりする姿で星空を
　　本物の船のように移動していく。水夫たちは直ぐに船尾を岸に向け、
　　彼らは天国に入るかのように、誰もが櫂を後ろ向きに漕ぎ、その勢いは
　　岸に上陸してしまうかのようだが、船は岸を見ながら後進している。
　　イアソンのアルゴ船は艫を前にして夜空を巡っている。艫先から
　　帆にかけての星は暗い。竜骨の星は明るいが、岩によって壊れた舵は
　　前を進む大犬の後ろ足によって隠されて見えなくなっている。
　　　　　　　　　　　　　　　　　　　　アラトス「ファイノメナ」342-352行

✦アルゴ船冒険隊の参加者たち

　この物語の古い話では、地域柄、ミニュアス族の人々がイアソンに協力しました。面白い一致は、イアソンにしても彼の敵であるペリアス王にしてもミニュアス族にしてもポセイドン神が関係していることでしょうか。

　時代が降ると、イアソンに協力したのは名だたる英雄たちということに変化していきました。

　まずボイオティア人の舵手ティピュスがイアソンに加わり、ペリアス王の息子アカストスも参加します。ゼウス神の息子たちとしてヘラクレス、カストル、ポリュデウケスがイオルコス港に到着しました。次にポセイドン神の息子たちであるタイナロンのエウペモス、ピュロスのペリクリュメノス、そしてナウプリオス、メッセニアのイダス、リュンケウスが加わりました。アポロン神の息子たちでは楽人ピランモンが、そしてその名も高きオルフェウ

エーゲ海の平底船。竜骨船を発明する以前に使用された。

アンカラ考古学博物館所蔵の船が描かれたコイン。

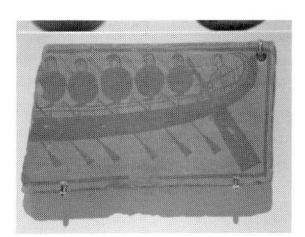

ミュケーナイ時代の軍船。

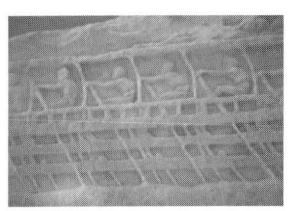

紀元前5世紀の軍船。3段櫂船。

Argo Navis

スが参加しました。ヘルメス神の息子たちとして、双生児エキオン、エウリュトスと、一行の使者アイリタリデスが合流しました。他にもヘリオス神の息子とされるエリス王アウゲイアスの他、風神ボレアスの息子カライスとゼテスまでもやってきました。

　預言者としては、アポロン神の息子イドモンとアポロン神から教えを受けたモプソスの二人がいました。ゼウスの孫に当たるペレウスとテラモンに加え、イアソンの従兄弟に当たるアドメトスまで参加しています。さらにはカリュドーンの英雄メレアグロスとアタランテ、アテネの英雄テセウスとその親友でラピテス族の長ペイトリオスまで加えられています(この二人は時代に矛盾があります)。これだけでイアソンを含めて総数29人となり、ギリシャ英雄精鋭部隊とでも名付けられるかもしれません。

　この部隊の隊員はヘラクレスやヒュラスのように途中でいなくなったり、病死したりしますので、常に50人いたということではないようですし、50という数字には拘らない方が良さそうです。というのも、古代の作者によってアルゴ船の隊員の構成が違っていし、また後から参加する英雄もいたからです。

- アポロドーロス　　　　　45人
- ウァレリウス・フラックス　52人
- ヒュギノス　　　　　　　64人(1人不明)
- ディオドロス・シクルス　　54人
- アポロニオス　　　　　　55人

冒険後のイアソンが暮らしたコリントス。ここで悲劇が始まる。

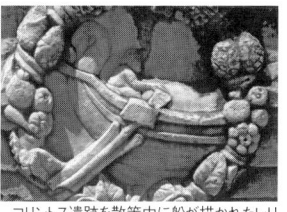

冬の星座◇アルゴ座─────ギリシャの50人の英雄を乗せた快速船

　上記の作者はヘレニズム時代以降の著者になります。上記の作者の多くは、広大な世界帝国となったローマ時代が舞台ですので、ヘラクレスやアルゴ船冒険隊のようなスケールの大きな話の方が流行するのでしょうか。ペロポネソス半島の小さな村での話などは、もう過去のもののように感じられます。

コリントス遺跡を散策中に船が描かれたレリーフを見つけた。アルゴ船を思い出した。

✈文人アポロニウスによる「アルゴナウティカ」
　ヘレニズム時代の文人アポロニウスは、かみのけ座の星座物語で登場するベレニケの夫プトレマイオス・エウエルゲテス王の教育係を務めていました。エジプトのプトレマイオス王朝は、この3代目の王までは対外的にも非常に繁栄していました。この王朝での代表的な文学作品のひとつが、彼が書き著した「アルゴナウティカ」です。
　物語は巻頭付近に、イアソンが呼び集めた英雄たちがギリシャ各地から集まってきます。この辺りの記述はホメロスの「イリアス」第2巻の軍船カタログを彷彿とさせる構成となっていて、読者の好奇心をいやがうえにも高めてくれます。
　このギリシャ英雄精鋭部隊は行く先々で功績を残していきます。嵐をオルフェウスの音楽で静めてしまったり、コルキスまでの航海の最大の難所である「打ち合い岩」を隊員たちのアイデアと協力と勇気で克服していく光景は爽快感が漂ってきます。
　一行は黒海の奥に辿り着き、パシス川を遡って、コルキス国に辿り着きます。そこでこの物語の最大の山場を迎えます。隊長イアソンと王女メディアが出会うのです。メディアのイアソンに対する想いが高まるにつれ、イアソンに味方したいという願望が強くなり、父を裏切ってイアソンに加担していくその情景を描くことがこの文学者のメインだったようです。イアソンたちはメディアの助力によって首尾よく王が命じる難題を退け、黄金羊毛を取り返し故郷を目指します。
　帰路の途中までは同じ航路を取り、往路の道中で数々の武勇譚があったので、平穏でした。このまま同じ航路で帰ると物語のネタに困ったのか、黒海を横切り北西岸にあるベウケ(今のルーマニア)に辿り着きます。このままイストロス(今のダニューブ)川を遡り、アドリア海に船は出ます。一時はアドリア海を南下するのですが、再び北上してエリダノス(ポー)川に入り、更にこの川を遡ってロダノス(ローヌ)川を降っていきます。そのままイタリア半島の西岸を南下し、コルフ島までやって来るのですが、そこから地中海を南下してリビアに辿り着きます。リビアでは船を運びながら再び地中海に出て、クレタ島の東を回ってコリントスに辿り着き、その後、ようやくイオルコスへと船は帰港します。イオルコスからコルキスへ行く道中の4倍の道程をかけて戻ってくる壮大な冒険でした。

✈アルゴ船を係留したイストミア港
　ギリシャ本土とペロポネソス半島の付け根にコリントス運河があります。この運河は幅約24メートル、深さ約8メートル、標高約79メートルもある断崖絶壁となっています。この絶壁の間を現在でもフェリーが通行していきます。
　この運河は、ネロ帝によってローマ兵とユダヤ人捕虜6000人を導入して工事を試みましたが放置されました。19世紀にコリントス運河建設が再開され、1893年に完成したことにより、ペロポネソス半島を大きく迂回する必要がなくなったので300キロほど航路を短縮することが出来ました。
　地峡の南側のサロニコス湾側には古代の石組も残っていました。イアソンたちが乗

Argo Navis ───── 201

Argo Navis

コリント地峡。現在は運河となっている。コリントの外港というと、北のアイゲオン港、地峡に近いイストミア港、東にケンクレアイ港がある。

船したアルゴ船は、イストミアの港に係留されていたということですから、地峡の南端から更に南にあったのでしょう。イストミアはコリントスの外港に当たります。ここには海からやや離れて考古学博物館が併設された遺跡が残されており、主神であるポセイドン神殿の基底部が残されています。規模は大きいのですが、何分、破壊の限りを尽くされたような景観となっています。博物館の道を東に降ると、古代の競技場跡がありますが、普通の旅行者は気がつかないかもしれません。実は、ここで古代ギリシャ4大体育競技のひとつであるイストミア祭が行われました。

このようにイストミア周辺はコリントスにも近く、見るべき価値があるものが多いこともあり、私がよく訪れる場所です。特にコリントス運河の南端には、フェリーを通すために「海に潜る橋」が架けられ、辺りにはカフェが点在しています。私は時間があれば、此処で必ず一服します。何度かフェリーが目の前を通過し、その度に橋が海中に沈んでいくのを眺めながら、旅路が終わったイアソンのことを思い浮かべます。冒険と人生の野望が終わったイアソンは、アルゴ船の近くで過ごしていたということです。英雄たちを乗せて各地を転戦したアルゴ船は外港イストミアで朽ち果てました。イアソンはこのアルゴ船の倒壊に巻き込まれて亡くなったことになっています。

イストミア遺跡。主神はポセイドン神であるが、基底部しか残されていない。

冬の星座◇アルゴ座―――ギリシャの50人の英雄を乗せた快速船

アルゴ座。現在では4分割（ほ座、らしんばん座、りゅうこつ座、とも座）された。

アルゴ座の星座絵図。

Argo Navis ―― 203

✦ あとがき

　許されるならば、またアテネで生活したいと思っています。私はそれくらいギリシャが好きです。そこに住む人々や自然、そして何よりも毎晩のように素晴らしい星空があります。ギリシャは、私にとっては天国なのです（古代遺跡の無い天国なんていらない！）。

　20世紀の終わり頃、私は1キロ100円のトマトを買い、1キロ100円のオレンジを買い、1キロ100円のジャポニカ種の米を買い、1キロ30円のスイカを食べて生活していました。ツナ缶（鬢長マグロ）は1缶150円、キハダマグロのツナ缶は3缶で300円。適当な赤ワインが1本350円でした。安価でコクがあるおいしい食材は、日本では到底望めないものでした。家賃は55平方メートルで約2万円弱、内外価格差によって日本円の10万円が30万円くらいの価値を持っていました。冬は日本に入り稼ぎして100万円を用意すると、ギリシャで8ヶ月ほど生活できました。

　1994年の超円高を期に、私のアテネ滞在は始まりました。特に1995年は銀行の金利が最大22.5%もあり、2000万ドラクマ（約650万円）あれば、金利収入だけで遊んで暮らせた現代版の「金の時代」もありました。滞在中に通貨がドラクマからユーロへと変わり、生活は少しずつコストがかかるようになってきました。そしてアテネ五輪の直前にアテネの部屋を引き払いました。引き払った後も、夜な夜な私の夢の中にアテネの部屋で生活している私を見ることがあります。

　この生活で会得した「星読み」という手段によって、多くのことがわかりました。それらの一部を私はようやくこの本書で書きつづることができたと思っています。

　足掛け20余年、かなりの金銭的な投資もしてきました。そしてかつての滞在時代と現在を比べると、治安の点で問題が発生しつつあります。ですからあまり真似しない方が良いと思います。

　それでもギリシャで星空を見て生活するという些か気違いじみた生活がとても気に入っていました。そこには毎晩のように星空があり、5月2日に屋上に出て夕陽を見ると、太陽がパルテノン神殿の柱に沈んでいく絶景がありました。少し歩けば直ぐに遺跡がありました。詳しい資料や論文は米国考古学研究所の図書館にありました。私の求めるものは、かつては私の直ぐ近くにあったのです。またパリやロンドンなどの博物館や美術館に納められた出土品を見に出かけるにも、飛行機に乗れば直ぐに到着できました。今では彼らの世界地図の東の涯に記された島国の地方都市にいる私にとって、かつての生活は夢のようなものです。高温で乾いた地中海性気候がなんとも懐かしくて堪りません。

　私はこの約20年の間、あまりに貴重な体験を多く積みました。日本人だけでなく他国の人々と知りあい、そして悲しい別れも経験しました。多くの人々に対して、橋本武彦という一人の男がギリシャの地で唯一人何を求め続けていたのか、その一端を感じていただければと思います。

2010年5月

橋本武彦

✈ギリシャ・トルコ広域地図

ブルガリア
黒海
マケドニア
アルバニア
パンガイオン山
ヘブロス川
ヘレスポント
デュンデュモン山
ペラ
ディオン
アキレイオン
キュジコス
オリュンポス山
リトホロ
イフェスティア
ダルダノス
カリア
トロイ
イダ山
トリカラ
レムノス島
ペリオン山
ギリシャ
イオルコス
アンディッサ
クロペジ
ペルガモン
トルコ
エーゲ海
キオス島
キオス
アテネ
ニッサ
パンイオニオン
アフロディシアス
ミレトス
イカリア島
サモス島
ナクソス
コス
クニドス
ロードス
トロス
地中海
クレタ海
ゴニア
クノッソス
イダ山
パシペトロ
イタノス
ゴルティン
ディクテ山
マタラ
レンダス

✈アテネ近郊詳細図

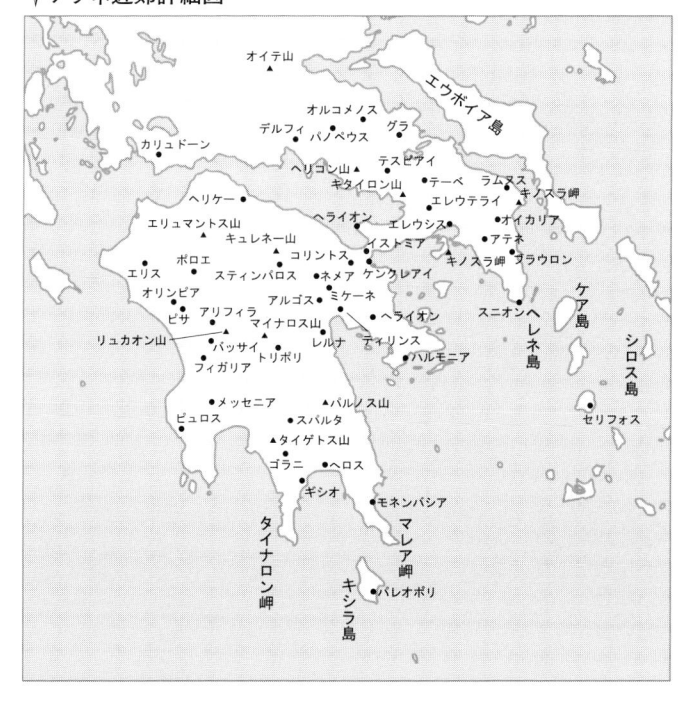

オイテ山
エウボイア島
オルコメノス
デルフィ
パノペウス
グラ
カリュドーン
ヘリコン山
テスピアイ
キタイロン山
テーベ
ラムヌス
キノスラ岬
ヘリケー
ヘライオン
エレウシス
エレウテライ
オイカリア
エリュマントス山
キュレーネ山
コリントス
イストミア
アテネ
ポロエ
スティンパロス
ネメア
ケンクレアイ
キノスラ岬
ブラウロン
エリス
アルゴス
ミケーネ
オリンピア
アリフィラ
ヘライオン
ケア島
ピサ
マイナロス山
レルナ
ティリンス
スニオン
ヘレネ島
リュカオン山
バッサイ
トリポリ
ハルモニア
シロス島
フィガリア
メッセニア
パルノス山
セリフォス
ピュロス
スパルタ
タイゲトス山
ゴラニ
ヘロス
ギシオ
モネンバシア
タイナロン岬
マレア岬
キシラ島
パレオポリ

✦ 春の星座

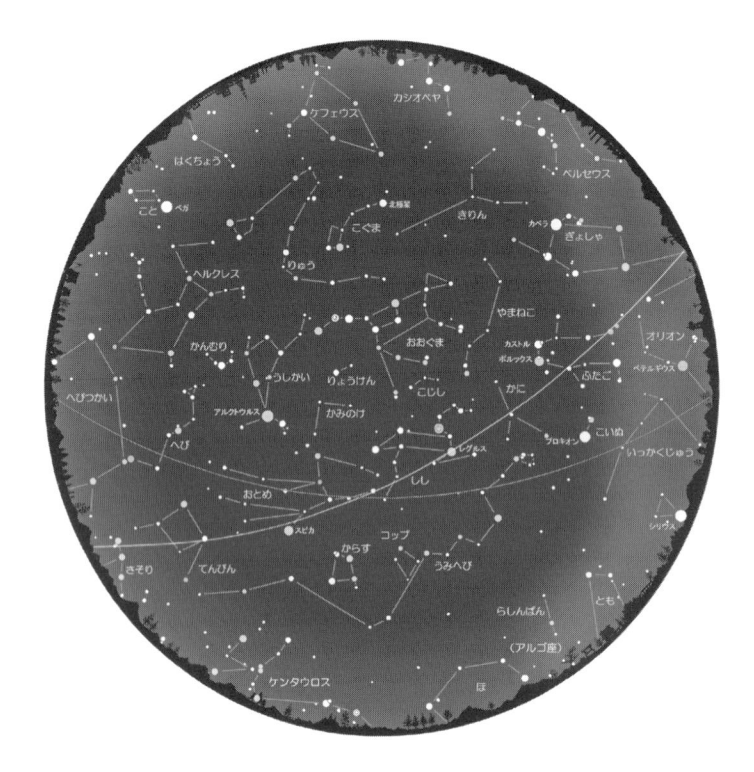

✦ 夏の星座

✦ 秋の星座

✦ 冬の星座

星座図 ── 207

索 引

【あ】
アイスキュロス, 88, 89, 145
アガメムノン, 100, 138, 146
アキレウス, 15, 55, 66, 74, 100, 138, 158
アグラオステネス, 2, 7, 105
アグリジェント, 35, 177, 196, 197
アクロポリス, 32, 85, 95, 98, 153, 175, 177, 194, 197
アスクレピオン, 55, 84, 85, 177
アストライオス, 28, 33, 63, 64, 183
アタルガティス, 33, 125, 126, 128
アテナ, 28, 32, 33, 98, 100, 131, 137, 145, 148, 174, 175, 177, 199
アテネ, 5, 8, 21, 29, 30, 31, 32, 36, 41, 46, 49, 53, 58, 71, 72, 85, 86, 93, 111, 112, 114, 132, 142, 143, 145, 161, 163, 164, 174, 175, 177, 195, 200, 204
アドニス, 34, 36, 127, 128, 172
アトラス, 27, 28, 88, 96, 122, 156
アフロディーテ, 33, 34, 36, 38, 49, 84, 100, 101, 124, 125, 126, 127, 128, 172
アポロドーロス, 90, 128, 200
アポロン, 19, 26, 28, 39, 44, 57, 58, 60, 61, 70, 82, 86, 87, 88, 95, 98, 111, 116, 148, 152, 199, 200
アマルテイア, 27, 175, 176, 177
アリアドネ, 5, 16, 48, 49, 50, 53
アリストテレス, 14, 19, 157
アルカス, 6, 10, 43, 44, 46
アルカディア, 6, 21, 44, 72, 78, 86, 112, 114, 115, 116, 148
アルクトゥルス, 5, 42, 43, 44, 46
アルゴ, 12, 15, 16, 21, 41, 75, 86, 89, 96, 106, 113, 134, 146, 151, 155, 158, 161, 163, 165, 198, 199, 200, 201, 202
アルゴス, 15, 18, 21, 95, 134, 137, 139, 140, 142, 146, 150, 151, 192
アルゴ座, 161, 165, 198, 199
アルタイル, 104, 107, 108
アルテミス, 6, 7, 33, 64, 66, 68, 69, 70, 116, 128, 139, 140, 149, 181, 183
アルビレオ, 98, 101, 102
アルマゲスト, 102, 104, 136
アレキサンドリア, 10, 36, 37, 38, 39, 41, 64, 77, 86, 96, 108, 166, 172
アレクサンドロス・アエトロス, 2, 68
アレクサンドロス大王, 37, 70, 157
アレス, 68, 127, 154
アンタレス, 68, 71, 74
アンティノウス座, 1, 37, 61, 108
アンドロメダ, 111, 124, 125, 130, 131, 132, 134, 136, 137, 138, 139, 140, 141, 144, 145, 146, 149, 163
アンドロメダ座, 1, 111, 124, 130, 132, 136, 137, 140, 156

【い】
イアソン, 16, 74, 155, 156, 161, 198, 199, 200, 201, 202
イオニア人, 8, 9, 10
イカリオス, 5, 42, 44, 45, 46
イシス, 33, 34, 168, 187
イダス, 192, 195, 199
イダ山, 7, 8, 9, 27, 112, 178
いて座, 54, 56, 61, 64, 74, 76, 77, 78, 79, 81
イナンナ, 34, 125, 126
イリアス, 1, 8, 15, 120, 122, 152, 157, 182, 187, 192, 193, 201

【う】
うお座, 64, 111, 124, 125, 126, 127, 128, 170
うしかい座, 5, 10, 42, 43, 44, 46, 64, 65, 113, 175
うみへび座, 5, 12, 18, 20, 22, 93
ウラノス, 26, 183

【え】
エウエルゲテス, 13, 38, 39, 41, 201
エウドクソス, 93, 163, 188
エウリピデス, 89, 91, 106, 127, 131, 137, 140, 149, 169, 175
エウリュディケ, 15, 87, 89, 91
エウロパ, 169, 171, 183, 184
エオス, 28, 128, 156, 183
エジプト, 1, 8, 9, 29, 34, 36, 38, 39, 41, 46, 63, 64, 77, 86, 96, 113, 114, 133, 140, 164, 165, 168, 171, 180, 187, 188, 189, 201
エチオピア, 110, 111, 124, 130, 131, 132, 133, 134, 136, 140, 144, 146, 148, 154, 156
エピメニデス, 2, 112, 132
エリクトニオス, 122, 174, 175, 177
エリダノス座, 111, 161, 162, 163, 164, 165, 166
エリュマントス, 58, 78, 95
エロス, 34, 124, 127, 195

【お】
オイノピオン, 69, 180, 181
オイノマオス, 21, 115, 176
オウィディウス, 2, 3, 6, 89, 90, 91, 165
おうし座, 20, 64, 161, 168, 169, 170, 171, 172, 178
おおいぬ座, 161, 186, 187, 199
おおかみ座, 56, 61
おおぐま座, 1, 5, 6, 8, 13, 43, 44, 46, 64, 113, 116, 175, 176, 193
おとめ座, 5, 30, 31, 32, 33, 63, 64, 66, 77
おひつじ座, 20, 64, 66, 111, 125, 128, 154, 155, 156, 157, 170
オリオン, 1, 2, 20, 42, 68, 69, 70, 71, 76, 134, 155, 156, 160, 161, 163, 164, 165, 180, 181, 182, 183, 184, 186, 187
オリオン座, 70, 71, 72, 155, 161, 162, 165, 180, 181, 182, 183, 186, 187, 190
オリュンポス, 94
オルフェウス, 61, 86, 87, 88, 89, 91, 199, 201

【か】
ガイア, 26, 28, 70, 113, 175, 176, 181

カエサル, 63, 64, 66, 189
カシオペア, 111, 130, 131, 132, 133, 134, 136, 137, 138, 139, 140, 145
カシオペア座, 98, 101, 111, 130, 131, 132
カストル, 14, 100, 161, 192, 193, 195, 197, 199
ガニュメデ, 104, 105, 118, 119, 120, 122
かに座, 5, 13, 20, 24, 25, 26, 29, 50, 64, 193
カペラ, 161, 175, 178
かみのけ座, 1, 2, 5, 36, 37, 38, 39, 41, 201
からす座, 5, 19, 20, 56, 161
カリスト, 6, 10, 43, 44, 116
かんむり座, 5, 48, 49, 50, 53, 56, 61, 77, 93

【き】
キオス島, 8, 68, 69, 180
ギガントマキア, 26, 28, 95, 96
キノスラ, 6, 7, 8, 9, 10, 76
キプロス島, 49, 121, 128
キマイラ, 148, 151, 152, 153
ぎょしゃ座, 1, 26, 161, 169, 170, 174, 175, 176, 177, 178
キリスト教, 38, 77, 108, 125, 128, 140, 172

【く】
くじら座, 111, 124, 132, 136, 154, 155, 163, 165, 166
クノッソス, 35, 45, 50, 183
クリュタイムネストラ, 100, 146
クレオストラトス, 2, 68
クレタ島, 1, 5, 8, 9, 10, 34, 41, 44, 45, 48, 49, 51, 53, 66, 85, 105, 122, 157, 176, 178, 180, 181, 183, 184, 201
クロノス, 8, 26, 27, 66, 74, 94, 105, 176, 183

【け】
ケイローン, 3, 19, 54, 55, 74, 76, 77, 78, 81, 149
ケフェウス, 99, 131, 132, 136, 139
ケフェウス座, 101, 111, 130, 131, 132
ケンタウロス, 19, 54, 55, 56, 57, 58, 74, 75, 76, 77, 113, 149
ケンタウロス座, 5, 20, 54, 55, 56, 58, 74, 77

【こ】
こいぬ座, 5, 161
こうま座, 2, 111, 132
こぐま座, 5, 6, 7, 8, 9, 10, 61, 156
コップ座, 5, 20
こと座, 61, 86, 87, 88, 89, 93, 104, 107
コペルニクス, 16
コリントス, 12, 21, 30, 72, 101, 150, 151, 153, 201, 202
コルキス, 133, 154, 156, 157, 161, 198, 201
ゴルゴン, 145, 146, 148, 176

【さ】
さいだん座, 55, 56, 61
さそり座, 56, 61, 62, 64, 66, 68, 70, 71, 72, 74, 81, 82
サッフォー, 88

【し】
しし座, 5, 12, 13, 14, 16, 20, 22, 38, 64, 93, 168, 193
シチリア島, 35, 177, 196, 197

【す】
スパルタ, 79, 98, 111, 161, 192, 194, 195, 196, 197
スピカ, 32, 33, 64

【せ】
ゼウス, 6, 7, 8, 9, 12, 13, 20, 26, 27, 28, 33, 42, 43, 44, 45, 49, 55, 68, 74, 75, 78, 82, 86, 87, 89, 93, 94, 95, 96, 98, 100, 101, 104, 105, 106, 107, 108, 112, 113, 118, 119, 120, 122, 127, 128, 131, 134, 139, 145, 148, 150, 156, 168, 169, 171, 172, 175, 176, 177, 178, 181, 183, 184, 187, 192, 193, 199, 200
セリフォス島, 142, 143, 146, 150

【そ】
ソクラテス, 8, 70, 85, 92, 163, 184

【た】
タイナロン, 21, 199
ダナエー, 142, 144, 145
タルタロス, 26, 27, 127

【て】
ディオスクロイ, 192, 195, 196, 197
ディオニュソス, 4, 5, 16, 21, 25, 28, 42, 44, 45, 46, 48, 49, 53, 85, 87, 88, 89, 95, 146, 177
ディケー, 32, 33, 63, 65, 66
ティタントマキア, 26, 27
テーベ, 12, 14, 15, 46, 95, 187, 192, 196
テスピアイ, 14, 86, 150
テセウス, 21, 49, 50, 53, 54, 66, 82, 91, 177, 200
テッサリア, 54, 57, 74, 78, 85, 95, 146
デメテル, 30, 31, 32, 33, 34, 35, 53, 91, 116, 122, 172
テューケー, 32, 33, 63, 66
テュフォーン, 22, 28, 112, 113, 114, 124, 171
てんびん座, 32, 62, 63, 64, 66, 68, 71

【と】
とも座, 161, 199
トロイ, 96, 100, 101, 104, 115, 118, 122, 138, 146, 158, 192
トロス, 89, 152, 201

【な】
ナイル川, 108, 112, 124, 163, 164, 165, 171, 188
ナクソス島, 5, 45, 49, 53, 105

【ね】
ネッソス, 14, 56, 57, 58
ネメア, 12, 13, 14, 15, 16, 95
ネメシス, 98, 100, 101

【は】
ハーデス, 27, 35, 91
パーン, 112, 113, 114, 115, 116, 177

はくちょう座, 61, 98, 99, 101, 102, 103, 104, 107
はさみ座, 63, 64, 68
はと座, 165
ハドリアヌス帝, 37, 108
パルテノン神殿, 32, 177, 204

【ひ】
ヒッパルコス, 2, 26, 37, 64, 81, 165
ヒュギノス, 2, 3, 54, 64, 76, 78, 200
ピュタゴラス, 2, 70, 86
ヒュドラ, 5, 18, 19, 20, 21, 22, 24, 25, 56, 57, 58, 78, 81, 95, 168
ピュロス, 148, 192, 199

【ふ】
フェレキュデス, 2, 70
ふたご座, 13, 64, 100, 161, 176, 192, 193, 194, 195
プラトン, 26, 68, 90, 93, 163
プレアデス, 1, 3, 28, 42, 106, 122, 155, 161, 168, 169, 170
プロメテウス, 19, 28, 78, 96, 104

【へ】
ペガソス, 120, 124, 132, 136, 139, 148, 149, 150, 151, 152, 153
ペガソス座, 20, 111, 130, 132, 136, 148
ヘシオドス, 1, 2, 6, 32, 33, 42, 43, 49, 64, 66, 68, 89, 127, 128, 132, 156, 168, 180
へび座, 2, 22, 61, 81
へびつかい座, 20, 61, 80, 81, 82
ヘファイストス, 1, 25, 28, 49, 145, 175, 177, 180
ヘラ, 2, 13, 14, 19, 24, 25, 54, 55, 57, 58, 72, 81, 93, 95, 96, 97, 100, 132, 134, 139, 200
ヘラクレス, 3, 5, 12, 13, 14, 24, 25, 28, 55, 56, 57, 58, 72, 78, 81, 82, 90, 91, 92, 93, 94, 95, 96, 97, 104, 113, 115, 134, 168, 196, 199, 201
ヘラクレス座, 61, 92, 93, 95
ヘリオス, 27, 61, 156, 162, 175, 200
ペリオン山, 54, 55, 56, 74, 78
ヘリケー, 6, 7, 8, 9, 10, 13, 44, 113, 148, 193
ヘリコン山, 14, 74, 86, 149, 150, 153
ペルセウス, 21, 111, 131, 134, 136, 137, 138, 139, 140, 142, 144, 145, 146, 148, 150, 151, 154, 183
ペルセウス座, 1, 111, 132, 136, 142, 145, 186, 190
ペルセフォネ, 32, 33, 34, 35, 128, 134, 172
ヘルメス, 61, 86, 87, 88, 89, 112, 116, 145, 176, 200
ヘレ, 1, 2, 3, 36, 38, 49, 63, 70, 76, 91, 96, 100, 101, 102, 127, 156, 157, 158, 172, 193, 195, 201
ヘレスポントス, 156, 157, 158
ベレニケ, 13, 36, 38, 39, 41, 201
ヘレネ, 98, 100, 101, 138, 195
ベレロポン, 150, 151, 152, 153
ペロポネソス半島, 8, 12, 22, 54, 56, 58, 72, 74, 115, 192, 201

【ほ】
北斗七星, 6, 8, 10, 46, 74, 113, 114
ほ座, 161, 198, 199
ポセイドン, 8, 9, 27, 72, 131, 140, 148, 151, 156, 157, 180, 182, 183, 192, 199, 202
北極星, 10, 111
ホメロス, 1, 3, 8, 15, 34, 42, 66, 89, 94, 120, 132, 140, 152, 168, 182, 187, 192, 193, 201
ポリュデウケス, 100, 144, 192, 193, 195, 197, 199
ポリュデクテス, 144, 145, 146
ポルックス, 100, 161, 192, 195
ボレアス, 134, 156, 200
ポロエ, 3, 54, 58, 74, 78
ポロス, 7, 19, 54

【み】
みずがめ座, 64, 111, 118, 119, 120, 163, 170
みなみじゅうじ座, 54
みなみのうお座, 50, 111, 118, 126
ミノス王, 48, 49, 66, 157, 180, 183, 184, 187
ミノタウロス, 50, 53, 157, 183
ミュケーナイ人, 44, 183

【む】
ムル・アピン, 1, 5, 8, 16, 22, 33, 64, 66, 76, 93, 101, 104, 118, 132, 155, 163, 168, 175, 180

【め】
メデューサ, 22, 111, 139, 142, 144, 145, 146, 148

【や】
やぎ座, 29, 64, 111, 112, 114, 124, 146, 163

【ら】
らしんばん座, 161, 198, 199

【り】
りゅうこつ座, 161, 198, 199
りゅう座, 49, 61, 93
リュキア, 41, 151, 152, 153
リュンケウス, 192, 195, 199

【れ】
レズボス島, 87, 88, 121, 141
レダ, 98, 100
レムノス島, 15, 16, 49, 177, 180
レルネ, 21, 22, 24, 95, 146

【わ】
わし座, 20, 61, 104, 105, 106, 107, 108, 122

ギリシャ星座周遊記

2010年6月10日	初版第1刷

編著　橋本　武彦
発行者　上條　宰
印刷所　モリモト印刷
製本所　イマキ製本

発行所　株式会社　地人書館
〒162-0835　東京都新宿区中町15番地
電　話　03-235-4422
ＦＡＸ　03-3235-8984
郵便振替　00160-6-1532
URL http://www.chijinshokan.co.jp
E-mail chijinshokan@nifty.com

©2010　　　　　　　　Printed in Japan
ISBN978-4-8052-0812-0 C3044

|JCOPY| ＜(社)出版社著作権管理機構　委託出版物＞
本書の無断複写は著作権法上での例外を除き禁じられています．複写される場合は，そのつど事前に(社)出版社著作権管理機構（電話 03-3817-5670，FAX03-3815-8199，e-mail: info@jcopy.or.jp）の承諾を得て下さい．